# 让视界无限

董淑亮　著

长江出版传媒 | 长江少年儿童出版社

图书在版编目（CIP）数据

让视界无限 / 董淑亮著 . -- 武汉 : 长江少年儿童出版社 , 2024.6
（“偷懒”的人类 · 写给孩子的发明史）
ISBN 978-7-5721-2441-9

Ⅰ . ①让… Ⅱ . ①董… Ⅲ . ①创造发明 – 技术史 – 世界 – 少儿读物
Ⅳ . ① N091-49

中国国家版本馆 CIP 数据核字（2024）第 024811 号

“偷懒”的人类 · 写给孩子的发明史 | 让视界无限
TOULAN DE RENLEI XIE GEI HAIZI DE FAMING SHI | RANG SHIJIE WUXIAN

出品人：何 龙
策 划：姚 磊 胡同印
执行策划：辜 曦
责任编辑：辜 曦
美术编辑：徐 晟 王 贝 董 曼
封面绘图：夏 曼 吴秋菊
内文绘图：夏 曼 胡静丽
责任校对：邓晓素
督 印：邱 刚 雷 恒

出版发行：长江少年儿童出版社
地 址：湖北省武汉市洪山区雄楚大道 268 号出版文化城 C 座 12、13 楼
邮政编码：430070
网 址：http : //www.cjcpg.com
业务电话：027—87679199
承 印 厂：武汉精一佳印刷有限公司
经 销：新华书店湖北发行所
开 本：720 毫米 ×1000 毫米 1/16
印 张：8.75
字 数：113 千字
版 次：2024 年 6 月第 1 版
印 次：2024 年 6 月第 1 次印刷
书 号：ISBN 978-7-5721-2441-9
定 价：35.00 元

# 发明创造，是为了让生活更美好

许多发明的诞生，都是为了让生活更美好。发明创造的历史，本身就是科学史的一部分。这些发明创造，是推动人类文明进程的关键。阅读发明创造故事，领略科学家发明创造的智慧，是一次有趣的科学之旅。星星点点的智慧火花，将更好地照亮孩子学科学、爱科学、用科学的人生前程。

在人类漫长的进化史上，聪明的人类总是通过发明创造，让生活变得越来越舒适和安全，当然，我们也可以说发明的出发点可能是为了“偷懒”。至关重要的是，人类在认识事物、探索未知世界的过程中，能勇于实践，大胆想象，在锲而不舍的努力中，一步一步地走向成功。

为了让眼睛看得更清楚，人类发明了眼镜、显微镜、望远镜、照相机、夜视仪……这些发明不是一蹴而就的，而是由一代又一代人不断地改进，经过漫长的努力与辛勤的劳动，才会不断孵化出来，从而使我们的眼睛看得更清、更远，生活变得更好。

为了让嘴巴获得更香、更甜美、更丰富的食物，人类做了许多努力。从主食到副食，包括果腹的美餐、可口的饮料，还有奇妙的食物储存、未来食品……一路走过来，处处皆学问。这里有许多绝密档案，翻开书就会获得这些知识。

为了让声音传得更远、更快，让声音更好听，让声音保存得更好，与耳朵有关的一系列发明创造诞生了：从最早的听诊器，到电报机、电话机、手机，以及录音机、收音机，还有各种各样的乐器，甚至集眼睛和耳朵的功能于一身的雷达……一句话，对人类的耳朵来说，声音永远充满了神奇的诱惑力，正是这种诱惑力催生了无数重要发明。

为了让手更有力、更准确、更灵活，让手从托、举、拉、推等“苦役”中解放出来，诞生了与手有关的一系列神奇发明：从人类最早对力的认识开始，有了笔、刀、针、枪，以及与火相关的能源，每一步都是小小的，可是聚沙成塔，“偷懒”的人类越走越远……一句话，人类靠双手彻底改变了世界。

为了让双脚走得更远、更快，登得更高，潜得更深，人类发明了鞋子，自行车、汽车、火车，轮船、潜艇，飞机、宇宙飞船……人类啊，依靠双脚勇闯世界，实现了“可上九天揽月，可下五洋捉鳖”的辉煌梦想。

人类总是不甘于眼前的生活，于是，有了这些改变世界的伟大发明创造。这是一套写给孩子的另类发明史。它打破学科壁垒，以妙趣横生的故事，以人类身体功能延伸的独特视角，呈现人类重大发明诞生的全景，为孩子展现人类文明长河中波澜壮阔的科技画卷，让孩子以广博的视野看世界，洞见科学家为造福人类不懈追求，能增加孩子们的想象力与创造力，拓展他们的思维方式，激发其对科学的求知欲和探索精神……

2023 年 4 月 23 日

# 目录

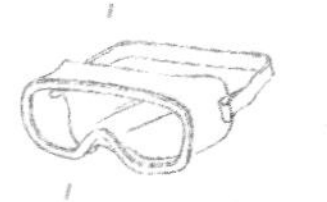

# 第一章 灯的诞生

把黑暗变成光明，
让人类的眼睛看得更广

人类天生怕黑暗，自从发现了火，逐渐尝到了火的甜头，感受到了光明的魅力，便点亮篝火、蜡烛、油灯、电灯，以及其他各种各样的灯。这些灯把人类的目光引向更远、更神秘的地方……

人，自称“万物之灵”，是自我赞扬，还是名副其实？ 有一点是可以肯定的——在漫长的进化史上，人类总是在不断努力地成长，一步一步才“长”成今天这副模样，而这一过程始终伴随着人类对光明的追求：从发现火、点燃火，到发明灯、改进灯，形形色色的灯和火，是人类一部艰辛、曲折和漫长的奋斗史。

人类从440万～150万年前的南方古猿开始，到180万～20万年前成为直立人，制造并使用工具，学会用火，甚至狩猎，最终演化为真正的现代人类，创造美好的生活。到这时，人类的各种器官才真正逐步成熟，显露人的“英雄本色”。

作为有视觉的动物，我们头前部有两只眼睛，能帮助我们“看”东西，辨别方向、判断物体大小、测试远近、区分颜色、识别美丑等，真的好棒！ 我们很难弄清楚眼睛为什么具有“观察和分辨”的神奇功能。眼睛让我们十分好奇。

## 1. 眼睛，会不会变大变美

从婴儿时期到成年，许多人都会好奇地发问：自己的容貌是怎样在不知不觉中改变的？人的眼睛大小一辈子都不会变化吗？如果在变，小眼睛会变成大眼睛？三角眼会变成杏仁眼？会不会长成双眼皮？好多人希望眼睛能变大、变美，然而事实并不是这样。

眼睛的核心“部件”是眼球，6～8 岁以后，眼球基本不会发生变化。而我们平常说的一个人的眼睛大小，实际上是指眼裂的大小，眼裂就是上下眼睑之间形成的裂隙。随着面部的成长，眼裂也在相应增大。到了 10～12 岁后，眼裂基本不会变化；到了老年，皮肤松弛，眼裂又会变小呢。可见，眼睛变化的只是眼裂呀！这么一讲，那些眼睛长得并不漂亮的男生或女生，也千万别难过，因为眼睛里深藏着许多奥秘，包括变化无穷的情感，这也是迷人的。

拓展阅读

## 眼睛的秘密

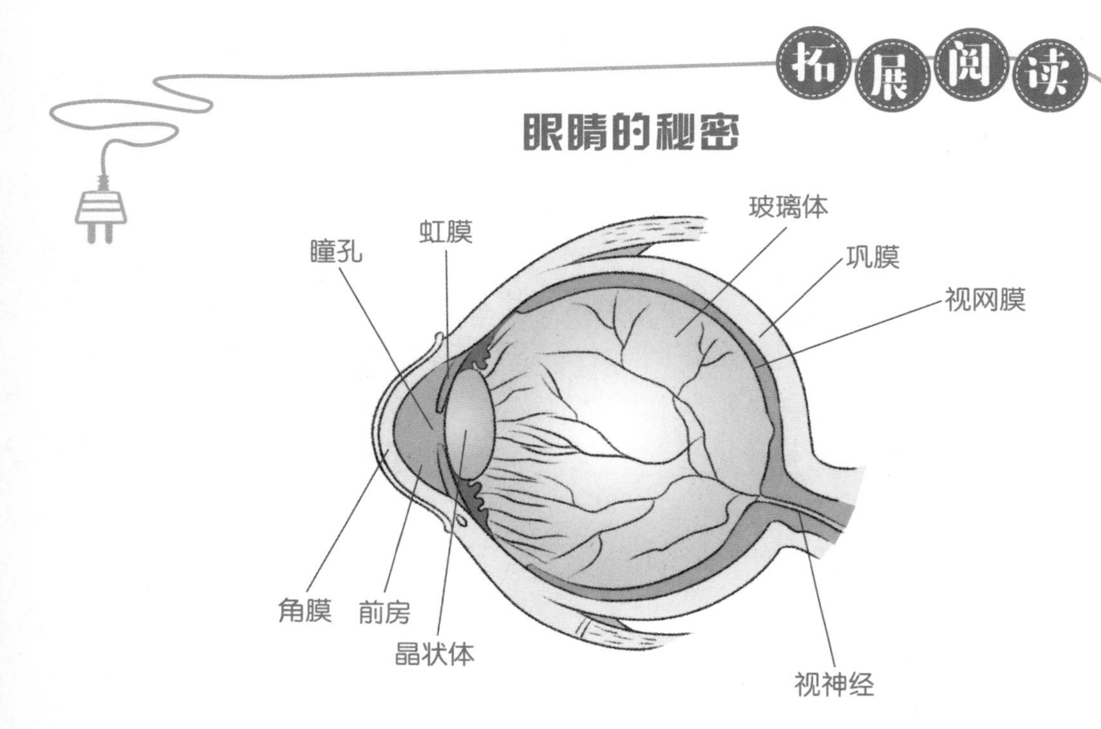


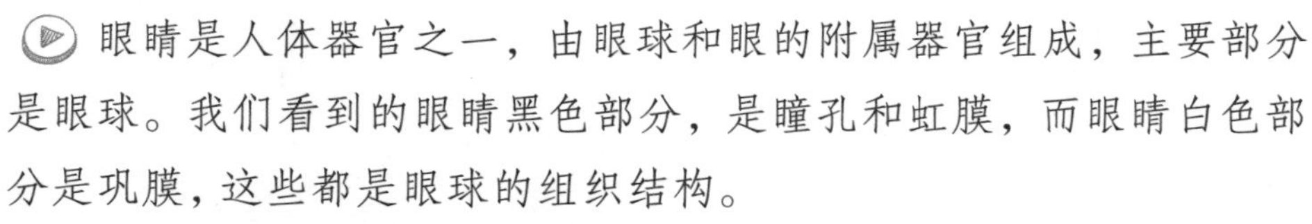

眼睛是人体器官之一，由眼球和眼的附属器官组成，主要部分是眼球。我们看到的眼睛黑色部分，是瞳孔和虹膜，而眼睛白色部分是巩膜，这些都是眼球的组织结构。

眼睛的角膜和巩膜位于眼球壁的最外层，角膜无色透明，巩膜呈乳白色不透明。虹膜位于眼球壁的中层，虹膜中央的孔就是瞳孔。刚出生的婴儿眼睛黑色部分特别多，白色部分少，就是因为瞳孔和虹膜占的比例大，而巩膜占比小。

成人的眼球直径一般是2.3～2.5厘米，而且不会再生长。但是，这种定型也只是相对不变。如果是近视眼，眼轴就会慢慢拉长。

到了老年，眼球内的晶状体逐渐硬化、增厚，眼部肌肉的调节能力减退，眼睛会变成老花眼；晶状体变浑浊，会发生白内障。这都是眼球在发生变化。

## 知识链接　动物眼睛的“特异功能”

蝴蝶长着一对复眼，这种眼睛由数百个微小的六边形晶状体组成，因此它能同时看到各个方向。这种眼睛还能看到紫外线，有助于指引它找到某些特定类型的花朵。

蜗牛有一双奇怪的眼睛，长在头顶上一对长触角的顶端。只要你轻轻地碰一下其中的一只眼睛，它马上会缩回去。另一只眼睛照样直挺挺地竖在那里。

壁虎在夜间拥有出色的视力。它的瞳孔形状奇特。在辨别颜色方面，壁虎的能力比人类要强 350 倍呢。

乌贼是动物界眼睛进化程度最高的动物。它的瞳孔呈古怪的W形，无法识别颜色。人类能通过改变眼球晶状体的形状以更好地聚焦，而乌贼竟然能改变整个眼睛的形状。

山羊的长方形瞳孔非常奇特。它的瞳孔的宽度让山羊具有330度的视野。人类只有大约185度的视野，多么遗憾啊！

河马能在水下看到东西，而且清晰度高得惊人。河马的眼睛上有一层透明膜，用来保护眼睛，避免它们被水下的碎片割伤。

变色龙的眼睛十分独特，没有上下眼睑，却拥有一个锥形结构，其上有一个小开口，大小正好容得下它的瞳孔。每个锥形结构可以独自旋转，可以帮助变色龙同时看方向完全不同的两个物体。这种视觉优势，人类想都不敢想。

不容置疑的是，眼睛作为人类最敏感的器官之一，始终得到人类的百般呵护和关注。可是，有一天，人类终于清醒地发现，自己十分珍爱的这对眼睛既不能变大变美，又不能在黑暗里看清物体（而一些动物是可以在黑暗中看东西的）。没办法，急不来，人类天生就没有这种能力，只好在白天劳作结束以后，回到自己的洞穴，等待第二天的光明。直至火出现，人类在夜晚才能睁大眼睛看清世界。

# 2. 火，让人类不再惧怕黑暗

人类天生怕黑暗，也怕火。

火的应用，在人类文明发展史上有极其重要的意义。从约 170 万年前的元谋猿人，到约 70 万～23 万年前的北京猿人，都留下了用火的痕迹。人类最初使用的都是自然火。人工取火发明以后，原始人掌握了一种强大的自然力。不论是钻木取火，还是通过敲击燧石的方式来主动获得火，都是人类最早、最伟大的发明之一。考古研究发现，

①取一段干燥的木头并挖洞，取短木棒削尖。

②将短木棒插入木洞中，双手不停地搓动木棒。

③坚持一段时间，会有小火花从木头间冒出。

钻木取火

①找两块干燥的燧石（火石）。

②将燧石不停地相互敲击。

③用燧石击出的火花引燃干树叶。

燧石取火

人类在大约 150 万年前就学会了使用火。这样，在夜晚，火光便代替了阳光，人类的眼睛适应了夜晚的黑暗。

今天，我们知道火并不是理想的照明工具，但是，火的发现，开启了一个新时代，让人类在漫漫长夜里可以看得更清楚、更遥远。

## 火改变人类的生活

人类最初与动物一样，对火是十分害怕的，后来逐渐发现了火的好处，例如被烧烤过的兽肉味道更鲜美，人类便主动地利用火。

人工取火的发明，使人类随时可以吃到熟食，能减少疾病，促进大脑的发育和体质的进化。

火的使用扩大了人类食物的来源和种类，使人类最终摆脱了“茹毛饮血”的野人时代。火还给人类带来了温暖，扩大了其活动范围，使人不再受气候和地域的限制，能够在寒冷的地区生存。

考古学家根据北京猿人所用石器初步推测，中国猿人开始自觉用火的时间，在五六十万年以前。哈哈，中国人的老祖宗是很有生存智慧的。

## 想一想 火还有哪些妙用？

有人认为：

人的力气很有限。当人类与老虎、狮子等猛兽争夺食物的时候，或者遭受猛兽在夜间攻击的时候，火，成了人类赶走它们最得力的武器，甚至是猛兽的“克星”。

还有人认为：

人类学会控制火种以后，渐渐掌握了火的脾气，慢慢用火来烧制陶器、消毒，甚至冶炼。火光还成了传递人类活动的信号。

### 小博士说

如果你能推测出这两种观点，那说明你的分析能力很优秀。可以吃点儿零食犒劳一下自己啦。

# 3. 灯，让我们的眼睛看得更远

人类很聪明，怕黑暗便努力想办法来摆脱黑暗，于是利用火、发明灯来驱散黑暗。火与灯，点燃了人类眼里的希望之光。

远古时期，人类的祖先用树枝烧起一堆火。这就是人类历史上最早的“灯”。到了新石器时代，开始出现以油脂为燃料的油灯。祖先们用野兽的头盖骨、蚌壳或石槽做灯盏。在漫长的时光里，人类只能靠这种冒着难闻气味的油灯来照明。智慧的人类不断地想办法来改进油灯，如古希腊人发明的油灯，像茶壶的模样，有灯油、油池和灯芯，灯芯能插进油灯嘴里，用的油是橄榄油或果仁油。这种灯的灯芯可以充分燃烧，虽然它不够亮，但为黑夜中的人类带来了光明。没有灯，人类只能在夜晚的黑暗中摸索。

各种各样的照明工具

后来，人们又用上了用陶瓷做成的瓷灯，用金属做成的铜灯、铁灯。为了使油灯不冒烟，人们还发明了装有灯罩的灯，挡住风，火焰就不会摇摆生烟。

据记载，我国汉朝时期就有蜡烛了，它由蜂蜡制成，并不普及。13世纪中期，欧洲人发明了用凝固油脂做成的蜡烛，使用和携带都更方便。这以后的几百年光阴里，蜡烛是我们在黑夜里生活的重要光源。

时光转眼到了1745年，智慧的人类制造了煤油灯，不久又出现了煤气灯。1784年，瑞士人艾梅·阿尔甘发明了世界上第一盏带柱状灯芯和玻璃罩的油灯，人们可以提着它在夜间外出活动了。随后，人们对油灯不断地进行改进，把油灯的油池升高，用一条细细的输油管，把灯头与油池连接起来。这样，供油充足，灯焰烧得更充分，灯就更明亮，照得更远。有了灯以后，人类可以在夜里的灯光下劳作、读书……不管怎么说，在人类的发明史上，灯，无疑是帮助眼睛“解困”最为成功的发明之一。

## 中国古代的“灯”

据考证，春秋战国时，照明用的灯具开始出现。当时人们用豆脂作为燃料，将豆脂盛放在陶制的小碗里，放上一根灯芯，点燃照明。

油灯

烛台

唐代的省油灯

战国时期，当时的蜡烛和现在的蜡烛不一样，外形并不是很规则，无法站立。聪明的古人在“豆”的底部做一个尖锥，把不规则的蜡烛插在这个尖锥上，蜡烛就可以稳稳当当地站立。

俗话“某某不是省油的灯”，常被用来形容某些人不好对付。其实，“省油灯”最早出现在我国唐朝中晚期，是四川成都附近的邛窑烧制的。它是一个碗形的灯具，有夹层，上层装油，下层是空心的，里面装水，可以降低灯油的温度，减少油料的挥发。据测算，这种省油灯可以节省灯油25%～30%。

# 4. 100 次失败与 101 次希望

时光跑得真快，转眼到了 19 世纪初，英国化学家戴维用 2000 个伏特电池和两根碳棒，制成世界上第一盏弧光灯。可是这种灯光线太强，只能安装在街道或广场上，普通家庭无法使用。直到 1879 年 10 月 21 日，美国发明家爱迪生通过长期的反复实验，终于点亮了世界上第一盏有实用价值的电灯。从此，他发明的电灯逐渐走入千家万户。

## 名人档案馆

姓名：托马斯·爱迪生

（1847—1931）

国籍：美国

成就：爱迪生是发明家、企业家，一生共获得 1000 多项发明专利。1877—

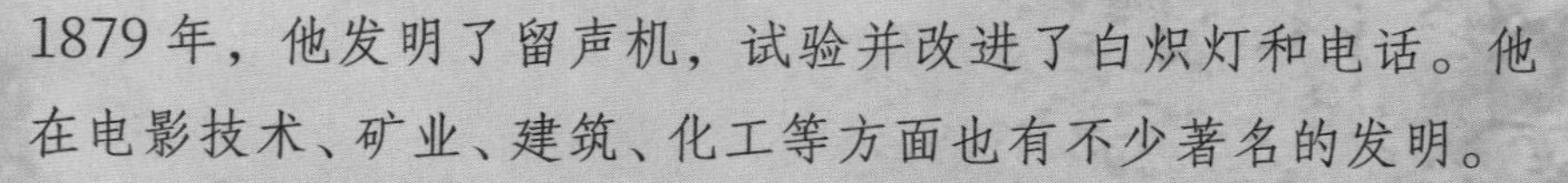

1879 年，他发明了留声机，试验并改进了白炽灯和电话。他在电影技术、矿业、建筑、化工等方面也有不少著名的发明。

经历：爱迪生有着辛酸的童年，曾被老师讥讽为“傻子”。爱迪生 7 岁上学，功课并不好，满脑袋稀奇古怪的想法，老是爱问“为什么”，这让老师很烦。爱迪生仅仅读了三个月的书，就被老师斥为“低能儿”而撵出校门。爱迪生 11 岁那年，不得不到火车上做报童，可是他对科学的热爱一点儿也没变，挣来的钱除了补贴家用外，都用来买书和实验物品了。

爱迪生在 16 岁到 21 岁的 5 年中，离开故乡，到处流浪，过着饥寒交迫的生活。但是，他从来没有停止对科学的探索。

1931 年 10 月 18 日，84 岁的爱迪生与世长辞。当天晚上，数十家世界著名媒体的记者守候在他的身边，并每隔一个小时向世界发布一次消息："电灯还亮着。"直至爱迪生闭上眼睛，记者们才迅速把这个噩耗报告给人们："电灯熄灭了！"

1878 年，爱迪生参加在巴黎举办的世界博览会，他发明的留声机在会上夺得了发明奖。同时，俄国工程师雅勃洛奇科夫和拉德金发明的"电烛"也吸引了他的目光。正是这次博览会上与电烛的相遇，促使爱迪生开始研制电灯。

爱迪生仔细阅读了有关电烛的资料，并收集相关的材料进行设计制造。为此，他吃在实验室，住在实验室，把实验室当成了家。为了解决灯丝问题，他尝试着用木炭、硬炭、金属铂等材料做灯丝，都失败了。

“你已经做了那么多次实验，试过 1000 多种材料，但是还没有成功，难道你认为你的实验能成功吗？”这时候，有个记者用嘲讽的语气问他。

“我的实验是失败了，但是至少证明这 1000 多种材料是不适合用作灯丝的。”爱迪生回答道。

当时，还有很多专家都认为电灯这种发明是没有前途的，有的说爱迪生在“干一件蠢事”，有的说“爱迪生的理想已经成了泡影”。

“即使失败 100 次，也有第 101 次的希望，我还要努力。”面对冷嘲热讽，爱迪生咬着牙发誓。

时间一天天过去，可是爱迪生想要的灯丝仍然没有“露脸”。一次，爱迪生的老朋友麦肯基来看望他，小坐之后，麦肯基起身告辞，爱迪生下意识地帮老人拉平身上的棉外套。

“哎，棉线，为什么不能试试用棉线来做灯丝？”爱迪生突发奇想。

“什么？棉线能做灯丝？那太好了！”麦肯基听了，立即解开外套，撕下一片棉线织成的布，递给爱迪生。

爱迪生激动地接过棉布，抽出棉线，放在密封的坩埚里进行高温处理，然后小心翼翼地把炭化的棉线装进灯泡。一切准备就绪后，接通电源，灯泡发出了柔和的金黄色光辉，把整个实验室照得亮堂堂的。

“亮了 45 小时，45 小时！”爱迪生欣喜若狂。

这是人类第一盏有实用价值的电灯，这一天是 1879 年 10 月 21 日，后来人们将它定为电灯发明日。

电灯（科学定义应该叫“白炽灯”），终于成了人类不知疲倦的眼睛，至今仍忠诚地帮助我们看世界，而爱迪生发明电灯的不屈不挠的奋斗精神，也像一盏明灯，指引着我们在发明创造的道路上不断探索。

## 锲而不舍地实验

为了寻找可以做灯丝的材料，爱迪生夜以继日地奋斗了 13 个月，试用 6000 多种材料，做了 7000 多次实验。

爱迪生决定从植物纤维中寻找新材料。植物方面的材料，只要能找到的，爱迪生都做了实验。甚至连马的鬃毛、人的头发和胡子，他都拿来做灯丝实验。

一天，爱迪生把实验室里的一把芭蕉扇边上缚着的一条竹丝撕成细丝，将其炭化后，做成了一根灯丝。通上电后，这种竹丝灯泡竟连续不断地亮了 1200 个小时。

1908 年，爱迪生又改用钨丝来做灯泡，使灯泡的质量又得到提高。钨丝灯泡一直沿用到今天。

## 5. 灯的交响曲

从篝火、蜡烛，到油灯、电灯，照明工具在不断地进步。然而，灯的发明，也让学子们读书的时间延长，让眼睛产生了近视等问题。这笔账，咱们另算哟。

其实，任何一项发明创造都不是完美的，总会遇到这样或那样的挑战。为了让眼睛更好地发挥作用，更好地适应不同环境，形形色色的灯就陆续登场啦。

有一种灯，总是站在海边，专门为航海人照亮归家的路，那就是灯塔。生活在海边的渔民或水手，最早是用点燃篝火的方式来帮助自己安全返航的。灯塔设置在高处，熊熊燃烧的火光，让航海人既能避免触礁的风险，又可以确定方位。在没有星星的黑夜，灯塔就是明亮的眼睛，长在希望的岸上。

## 灯塔小史

人类最原始的海岸指引之光，公元前 5 世纪就出现了，那是古希腊人在地中海港口点燃的篝火。

约公元前 280 年，古埃及国王下令在亚历山大港修建灯塔。这座灯塔在海边矗立约 1500 年，后毁于地震。

最早的涡石灯塔是 1759 年由英国人约翰·斯米顿建成的。这座灯塔始建于 1698 年，最初是木质结构，1703 年毁于一场风暴，1708 年改成橡木和铁建造，1755 年又毁于一场大火，最后才被约翰·斯米顿改成用花岗岩加混凝土建造。

人类总是不断地开拓新领域，也不断地遇到新问题，同时催生新发明。

19 世纪初，随着英国工业革命的发展，煤矿的需求量与日俱增，矿井挖得越来越大、越来越深。在充斥着瓦斯的黑暗里，人们睁大了

惊恐不安的眼睛，面临着瓦斯随时爆炸的巨大风险。化学家戴维发明的矿工安全灯，让人类的眼睛在黑暗中找到了珍贵的煤。

## 知识链接　瓦斯的特性

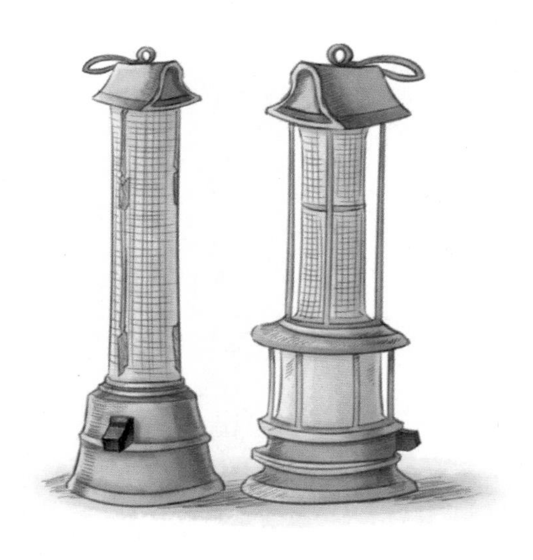

瓦斯是一种易燃气体，主要成分是甲烷。这种气体是从煤层的缝隙中冒出来的，一点儿火星就能引起剧烈的爆炸，让矿井变成一个火药筒。

1815 年，英国化学家戴维开始研究瓦斯爆炸问题。在弄清瓦斯特性以后，他用 4 种不同的灯做实验，其中矿工安全灯就是让蜡烛或油灯在灯罩里燃烧。

矿工安全灯有金属网丝，它只要遇到瓦斯，火焰就会变大。这种灯既能照明道路，又能给矿工示警，让矿工迅速逃跑。

人类不仅想让眼睛看得远、看得清，还想让眼睛看到世界上的多姿多彩。于是，霓虹灯诞生了。当然，这项发明纯属“意外收获”。

原来，在爱迪生发明白炽灯（通俗叫法是“电灯”）以后，虽然照明更方便了，可是这种灯只利用了电能的 10%～20%，其余的能量都白白浪费了。于是，人们一直想找到一条利用电能的新途径。

1902 年，美国的赫维特发明了水银灯。这种水银灯虽然比白炽灯亮得多，能量利用率也高得多，但是会产生大量紫外线，对人体是有害的，所以无法广泛应用。改进白炽灯、水银灯，是当时许多科学家孜孜以求的事。

1910 年，法国的科学家克劳特也加入了研究白炽灯、水银灯的行列。

“把玻璃管里的空气都抽掉，分别充入氖、氩、氦等惰性气体，会怎么样呢？”有一天，克劳特决定大胆地试验一下，想不到奇迹发生了：

——充入氖气，灯管发出了红橙色的光；

——充入氖气和氩气的混合气体，灯管发出了蓝色的光；

——充入氖气和水银的混合气体，灯管发出了绿色的光；

——充入氦气，灯管发出了金黄色的光。

……

“多么奇妙的现象啊！”克劳特惊喜万分。

他原是研究白炽灯的，希望延长灯的寿命，合理利用电能，想不到发明出了霓虹灯，可谓“踏破铁鞋无觅处，得来全不费工夫”。克劳特好幸运！

## 霓虹灯诞生以后

霓虹灯在实验室被研制成功后，克劳特立即利用这种灯光的特殊性，制成了一幅宣传广告，并将广告悬挂在法国巴黎的闹市区。这广告发出五彩缤纷的灯光，一下子吸引了人们的目光，让克劳特在法国巴黎一举成名。

克劳特因发明霓虹灯获得成功。更令人想不到的是，这位发明家乘势而上，注册成立“克劳特霓虹灯公司”，让霓虹灯在城市闪亮登场，他也从此财源滚滚。

1932 年，克劳特的专利权到期，世界各地才开始广泛生产霓虹灯。如今，霓虹灯成了城市亮化美化的主角儿，点缀着夜晚的城市。

交通信号灯的出现，是 19 世纪中晚期的事情。它使交通得以有效管制，能提高道路通行能力，减少交通事故。

19 世纪中期的英国伦敦已经是一个都市，车水马龙，十分繁华，议会大厦的门前经常会发生马车撞人的事故。1868 年的一天，在伦敦大街匆忙赶路的英国机械工程师纳伊特从一场车祸中反思，向伦敦政府提出建设交通信号灯的建议。这一建议得到采纳。同年 12 月 10 日，他设计制造的世界第一盏信号灯投入使用，这是一根约 7 米高的灯柱，身上挂着一盏红、绿两色灯罩的提灯。不幸的是，二十三天后，这盏煤气信号灯突然爆炸，一名值班的警察也赔上了性命。“一朝被蛇咬，十年怕井绳”，数十年间，再也没有人敢使用交通信号灯。

转眼到了 1912 年，美国一些城市也遭遇交通拥挤的尴尬，人们再次想起交通信号灯。同年，美国一位警员发明了第一盏电动交通信号灯。1914 年，这种交通信号灯被改进，并投入使用。随后，纽约、芝加哥等大城市，一盏盏红绿灯开始闪烁在繁华的街头，成为现代文明的一道新风景。

## 想一想 发明交通信号灯的灵感来自哪儿？

有人认为：

斗牛很早就已经在欧洲出现，斗牛士用红色斗篷引逗公牛。纳伊特从中受到启发，让红灯在十字路口闪烁，表示车辆“停止”。

还有人认为：

春天百花盛开，红色的花表示热烈、喜庆，花开以后便会“由盛而衰”，而绿色表示成长、生机，因此纳伊特设计交通信号灯时用绿色表示“通行”，红色表示“停止”。

**小博士说**

先告诉你，正确答案很难猜对。因为你做梦都想不到，交通信号灯的设计者是受伦敦街头女性穿的裙子启发的。当时，英国伦敦的时尚女性喜用红绿两种颜色的服装代表不同身份。那些结了婚的年轻女性，为了避免再受到他人的追求，就会穿起红衣服，表示“名花有主”；而那些未婚者则穿起绿衣服，表示自己还没有嫁人。发明家纳伊特从红绿衣表明不同身份，想到用灯的颜色来指示人们通行或停止。哈哈，也许你在幼儿园就会唱“红灯停，绿灯行，黄灯亮起提醒你”，却未必知道它的这番来历。

让灯更加节能、更加明亮，并尽可能地减少对人类眼睛的损伤，一直是人类永不停歇的追求。荧光灯的研制成功，对人类来说，是很值得骄傲的：原来，照明的光亮竟然可以这样白。

1896年，法国物理学家贝可勒尔（他与居里夫妇共同获得1903年度诺贝尔物理学奖）在研究一种稀薄气体中放电会引起闪光现象时，把用来做实验的管子内壁涂上一层磷化物，管子在闪光的作用下发出了荧光。当时，有许多国家的科学家在研究同样的课题，发现有几百种矿物质暴露在一定波长的辐射下会发出荧光。但是，把荧光作为一种照明的光亮，那又是几十年以后的事啦。

在为眼睛寻找新光源的进程中，白炽灯的诞生无疑是划时代的，随后有了霓虹灯、交通信号灯等。1938年，美国通用电子公司的研究员伊曼（也有学者认为是1934年前后该公司的康普顿）发明了荧光灯。它是在一根玻璃管内充进一定量的水银，管的内壁涂有荧光粉，管的两端各有一根灯丝做电极。通电后，水银蒸气放电，产生的紫外线使管内的荧光物质发出可见光。由于荧光的成分与日光相似，所以人们又叫它日光灯。它只需要低压电流，因为它的光是冷的。它比普通白炽灯更亮，电能利用率更高，很快进入了学校、家庭和大型超市。1998 年，白光 LED 灯诞生，人类在寻找节能光源的道路上又迈进了一大步。

## 知识链接　热光源与冷光源

太阳和电灯在发光时都有热产生。因此，人们称它们为热光源。

萤火虫发出的光，是由体内一系列特殊的化学反应引起的。由于它们能将化学能量转换成光能，不产生热量，人们就称它们为冷光源。

荧光灯光效高、热量低，经久耐用。遗憾的是，普通的荧光灯泡只能将所消耗的电能的 6%～25% 变成光能。

## 你了解萤火虫吗？

萤火虫一般在夏天的傍晚后出现，在树丛中、小河边飞来飞去，不断地闪耀着绿色的光亮，仿佛是大自然的一盏盏明灯。人们称它们为“大森林里的活灯笼”。

你发现萤火虫提着“灯笼”在飞，千万不要以为是冲着你来的。它们尾巴上的光亮一闪一闪，是为了吸引异性，告诉对方“我在这儿，等你来约会”，同时向天敌发出警告——“离远点，我在这儿，你懂的”。

萤火虫大部分种类是生活在陆地上的，极少种类是生活在水里的。我国目前发现了6种水栖萤火虫。

陆栖萤火虫幼虫的食物一般是蜗牛、鼻涕虫以及其他小型昆虫等；水栖萤火虫幼虫的食物一般是淡水螺类。大多数萤火虫成虫只吃少量的花蜜或果实的汁液。

# 第二章　显微镜

把小的放大，
改变了人类对世界的认识

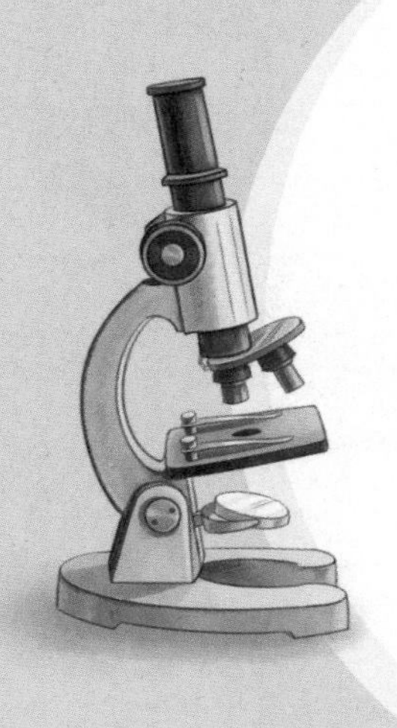

为了让眼睛看得更清楚，人们发明了显微镜，把小东西放成大物件，而且它的诞生彻底改变了人类眼中的世界。不过，显微镜在最初的那些日子里，既不光鲜，又不伟大，说起来多少有点令人恐惧，甚至作呕……

你的眼睛能看到的最小的物体是什么？ 口袋里的钱币，指甲上的纹路，绣花针的针脚？ 还有比这更小的，那就是螨虫。它是人类肉眼能看到的最小的东西，只有 0.2 毫米，相当于 200 微米。一根头发丝的宽度是 50 微米。雨滴中的小灰尘，直径大约是 2 微米，不论视力多好的人，都是看不见的。也就是说，世界上还有很多比螨虫更微小的东西，我们眼睛根本看不到。请你不要生气，更不要着急或怀疑，眼睛的能耐就这么大哦！ 没错的。别怪眼睛不争气，其实你对眼睛了解得太少太少，甚至根本不了解……

## 1. 认识一下你的眼睛

“眼睛是心灵的窗户”“乌溜溜的大眼睛”“脉脉含情”“回眸一笑百媚生”等词句都与眼睛有关，这些赞美的词句一定会让你为眼睛自豪。当然，也有让你为眼睛气恼的，什么“贼眼”啦、“鼠目”啦，还有“小鼻子小眼”“有眼无珠”等贬义词也有一箩筐。不过，知道这些未必就说明你对眼睛有多少了解哦。

### 关于眼睛的冷知识

- 眼睛是人体不能再生的器官。
- 用放大镜观察，眼睛里有一层层重叠的角膜细胞，就像瓦片搭成的房顶。
- 视觉就是你通过晶状体整齐排列的透明细胞采集到的图像。如果晶状体不透明呢？那就是盲人。

### 知识链接 动物的眼睛有多厉害？

- 在夜晚，你会发现猫的眼睛特别厉害，看得非常清楚。即使猫奔跑如飞，也不会撞到板凳腿上。哈哈，不要叹气，你的眼睛夜视的能力真的不如一只小猫咪呢。

天空中盘旋的老鹰，如果在百米高空发现了目标，比如奔跑的兔子，或者在啄食的小鸡，就立即俯冲下来，以迅雷不及掩耳之势，抓起兔子或小鸡飞回半空。

动物的眼睛很奇妙。狼的眼睛能发出可怕的黄光；狐狸的眼睛一般为棕色的，也有蓝色、绿色的；猎豹的眼睛，好似闪光的金刚石；老虎的眼睛像一对绿珠子。

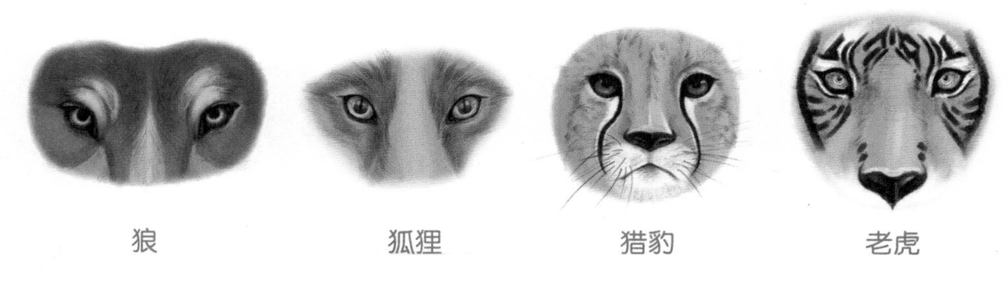


许多昆虫是有复眼的，复眼的体积越大，小眼的数量就越多，它们的视力就越强，像蜻蜓、苍蝇、蝴蝶、蜜蜂等都长着复眼，真让人类羡慕！

为了更好地看世界，人类找到了一个“窍门”：让眼睛变强大，把小的弄成大的看。300多年前，一个叫列文虎克的人就是这么干的。原来，他发明了一种新玩意儿——显微镜。那么，这位发明家是不是出身名门望族？学习是不是特别棒？你可以这样想，但事实怎么样，让我以后慢慢告诉你。在揭开这个谜团之前，我们先来了解一些与显微镜有关的玻璃呀眼镜呀之类的东西，希望这些故事能让你开开眼界，发一声惊叹：“哦，原来是这样！”

## 2. 玻璃的发明故事

制造显微镜离不开玻璃，让我们先弄清楚玻璃的来历。据说，玻璃在古埃及时代就诞生了，从它的出现到现在已经有几千年的历史。古罗马作家大普林尼曾经记载了有关玻璃发明的故事。制造玻璃的技术，是 4000 多年前居住在地中海东岸的腓尼基人发明的。

有一年，一艘腓尼基人的商船，在航行途中遇到了大风暴，腓尼基人只好将船驶进一个港湾避风，等风平浪静之后，继续航行。中午时分，腓尼基人准备上岸野餐。可是，四周连一块架锅的石头都没有，他们感到很沮丧。

“船上不是有苏打块吗？ 搬几块下来支锅好了。”一个年轻的船员想出了主意。于是，大家七手八脚地从船上搬来了几块大的苏打块，将锅架好后，便找来一些柴火烧起来。

第二天，风暴停止后，腓尼基人要启程了。当他们收拾餐具准备上船时，忽然，一个船员指着已经熄灭的炉灶大叫起来：

“这是什么东西呀，快来看看呀！”

船员们纷纷围了上来，只见锅下炉灶的灰烬中，有一种闪闪发光的东西，晶莹剔透，就像明珠一样。

“哇，好漂亮哟！”他们冲过去把它从灰烬中拣出来，一边擦拭，一边情不自禁地赞叹起来。

“不像金属。”

“也不是石块。”

大家你一言我一语，众说纷纭。

然而，他们哪里会想到，这沙地上都是石英砂岩，烧火做饭时，支着锅的苏打块在高温下和石英砂岩发生了化学反应，就变成了这种像明珠一样漂亮的东西，也就是世界上最早的玻璃。

古罗马吹制玻璃花瓶

这些腓尼基人回国后，这一重要消息就像长了翅膀，一传十、十传百地流传开来。人们对玻璃产生了浓厚的兴趣，觉得这种东西很有商业价值，于是动手制造出了原始的粗制玻璃。

后来，玻璃制造技术由埃及传到古罗马，玻璃的质量便有了很大的提高。古罗马人首先在技术上进行了改革。他们用熔炉代替烧锅来提高温度，使原料完全熔化为液态。同时，他们发明了新的玻璃制作技术——吹制法，生产出透明而美观的玻璃制品。这为眼镜的制作、显微镜的发明奠定了基础。你想呀，没有玻璃，列文虎克能拿什么磨制显微镜呢？

## 知识链接　我国古代的玻璃制品

玻璃在我国古代被称为“琉璃”。距今3100多年的西周早期的墓中，已经出现了白色琉璃珠。春秋战国时期的墓中，有剑饰、印章等玻璃器皿出土。

北魏时期，中国已有玻璃吹制技术。隋唐时期的玻璃器皿已相当精美。北宋时期，玻璃工艺水平又有了很大进步。河北保定出土的33件舍利玻璃瓶，器壁如纸薄、如晶明。

清代康熙时期设立了宫廷玻璃厂，已能生产透明玻璃和颜色多达15种以上的单色不透明玻璃。圆明园建筑开始使用玻璃窗。清代的缠丝玻璃、套色雕刻玻璃及鼻烟壶等，都是世界玻璃艺术的珍品。

清代玻璃器皿

## 想一想 玻璃有哪些种类和用途？

有人认为：

人们离不开玻璃。茶杯、灯泡、镜子、眼镜，以及各种各样的玻璃工艺品，与我们的生活密切相关。如果没有玻璃，摩托车、汽车、飞机上就没有好的挡风材料，那一定很糟糕。

还有人认为：

玻璃家族人丁兴旺，随着现代科技的发展，有了茶色玻璃、微晶玻璃、钢化玻璃等。现在，玻璃家族又添“新贵”，诞生了可以调节室内温度的智能玻璃、能防子弹的防弹玻璃等。

## 小博士说

恭喜你，这两种观点都正确。

## 3. 眼镜之谜

玻璃诞生后，一开始不是为了制造显微镜。在当时，人类的想象力还没有这么丰富，创造力也没有这么强大哦。

在显微镜没有问世的几百年前，就有了眼镜。那么，人类是什么时候与眼镜结缘的？是中国人，还是外国人？20世纪20年代，英国《泰晤士报》刊登了拉斯乌森的文章，说中国早在春秋时期就已经有了眼镜。可惜，他的观点没有证据。相反，眼镜是明朝年间由西方传入中国的记载，史料中屡见不鲜。清代文学家、史学家赵翼在《陔余丛考》中说，“古未有眼镜，至明始有之”。

那么，老家在西方的眼镜，又是什么时候诞生的？对此，美国史学家布尔斯廷在《发现者》中说：“公元1300年前后，有位年老眼花的欧洲匠人加工玻璃盘时，偶然发现透镜可以帮助老人恢复视力，于是出现了一种带柄的单片透镜。后来，人们把两块单片镜的柄连接到一起，就成了鼻梁上的真正的双片眼镜。”

眼镜的发明者是谁？有的说他是意大利人，而且是他发现了如何把玻璃磨成透镜的。有的说还要

早，是公元前750—前710年的亚述人，因为1850年，考古学家在今天的伊拉克发现了一块水晶岩制成的光学镜片，那是亚述人制作的。唉，眼镜的发明者真是扑朔迷离，众说纷纭。其实，你尽管猜好了，这个人究竟是谁，至今没有查清楚，是个不大不小的未解之谜呢。

眼镜在我国还有许多逸事，我们不妨读一读，想一想。这些或许会成为你在课堂外的谈资，炫一把，让你的伙伴大跌眼镜。

## 知识链接 眼镜的往事

眼镜在中国最早叫"叆叇"（ài dài），原意是云多而昏暗，后来专指进口的玻璃眼镜。明朝人开始用这个优雅的名词来称呼眼镜，清初才有了文字记载。

传入中国最初的那段时间，眼镜只是王公贵族的玩物。1840年前后，眼镜在中国人的心目中，仍是一种奇怪的装饰。连末代皇帝溥仪当初配眼镜都一波三折。

早期的眼镜店铺叫"远瞩""澄明斋"等。中国最早用科学的验光方法来确定眼镜度数，并按照度数规格来配眼镜的，是1911年在上海开办的精益眼镜公司。

孙中山的眼镜是精益眼镜公司广州分店配制的，而且这家百年老店珍藏着孙中山先生的"精益求精"墨宝。这四个字，是孙中山配镜时特意为他们题写的。

## 4. 发现“小人国”

最早制造出显微镜的人正是从磨制眼镜开始的，不过这个人不是后来大名鼎鼎的列文虎克，而是比他生活的年代要早一些的另一位荷兰人哈里耶斯·詹森。

那是 1590 年的一天，眼镜制造技师詹森有事外出，他的儿子偷偷摸摸地溜进爸爸的工作坊去玩。调皮的孩子顺手拿起一些镜片，放进金属管里对着一本书看，忽然发现了一个奇迹：呀，字母的一个小点竟然大得像一只蝌蚪！

细心可爱的孩子对此着实惊讶。他觉得不可思议，怀疑是不是自己看错了。于是，他又拿着金属管对准自己的手掌看起来，嘿，掌纹居然也变得清晰可见。金属管成了神奇的魔管。

这个意外的发现，使詹森的儿子兴奋不已。当他把手中的金属管递给父亲观看时，詹森也惊叹不已：小小的金属管加上毫不起眼的镜片，竟然能创造出这样的奇景，了不起啊！

思维敏捷的詹森根据这个偶然的发现，反复实践，用大大小小的凸玻璃片进行各种距离不等的组合，终于发明了世界上第一架显微镜：一支可以自由伸缩的金属管，两头各放了凸透镜，当管子的长短调节合适时，用它可以看清很小的物体。因为它是用镜片组合而成的，所以又被称为复式显微镜。如果用一块镜片磨成，能够聚光点火或放大物体的，则是单显微镜，实际上就是高倍放大镜。这也是大家最为熟悉的一种显微镜。

不过，真正让显微镜名垂史册的，是安东尼·列文虎克。

## 名人档案馆

姓名：安东尼·列文虎克（1632—1723）

国籍：荷兰

成就：生物学家。他早年学会了制造透镜的技术，制成简单的显微镜。1675 年，他发现了原生动物；1683 年，又发现了细菌。他成为用显微镜看世界的第一人，从一个看门人成长为微生物学的开拓者。

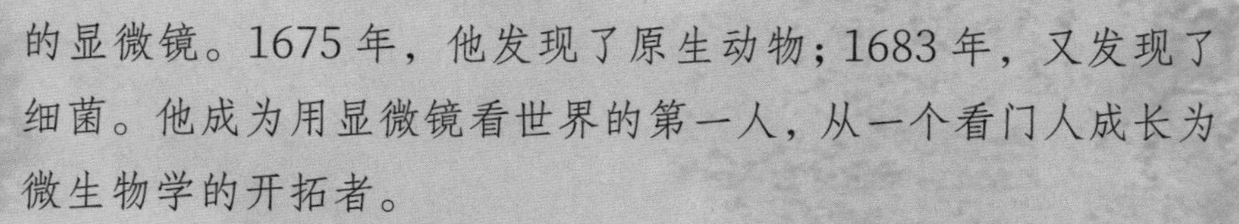

经历：列文虎克没有受过高等教育，但他通过不懈的努力，一生中磨制出 500 多块镜片，制造了 400 种以上的显微镜。他的研究成果轰动了英国学术界。1680 年，他被选为英国皇家学会的会员。

应该说，在显微镜发明出来的约 70 年间，它还没有得到广泛的应用，很少有科学家认识到它在科研方面的潜力，甚至没有人在意这玩意儿。但是，列文虎克这位天才人物的出现，改变了这种情况。他用双手磨制出了功能强大的显微镜，第一次看到了数以万计的微小生物，打开了微观世界的大门，并逐步揭开了“小人国”里的一系列秘密，彻底改变了人类对世界的认知。

列文虎克发明了显微镜以后，经常用它来观察蚊子的眼睛、苍蝇的脑袋、臭虫的刺、跳蚤的脚、植物的种子、自己身上的皮屑等。1675 年的一天，他无意间观察一滴雨水的时候，发现了在水中晃动的原生动物（又称单细胞动物）。

“真是太有趣了，里面有个‘小人国’！”

他是第一个看到原生动物的人。

紧接着，他又观察了自己的唾液和皮肤，以及树皮、叶子，甚至一颗拔下来的蛀牙。

这时候，列文虎克一心想看到更清楚的微观世界，想揭开微观世界里更多的奥秘。于是，他精心地磨呀磨，不停地调呀调。镜片磨得发烫，手磨得起泡，他都咬牙坚持着，心中只有一个信念——磨得再好一些，看得更清楚些。

## 列文虎克的生活经历

列文虎克还在上学的时候，他的爸爸就去世了。从那时候起，他就和亲戚在一起生活。

16 岁那年，列文虎克到一家店当学徒。隔壁正好开着眼镜店，勤奋好学的他利用业余时间学会了磨镜片。

学徒期满后，列文虎克回到家乡代尔夫特，经营一家布店。之后，他在市政厅当了一名看门人。这时候，列文虎克再次想到了磨镜片，便用这件有趣的事儿打发无聊的时光。

在列文虎克生活的时代，许多布商是通过镜片来检查成品布的纱线，从而鉴定布的质量。他却不同，把磨镜当作一种爱好，手工打磨镜片，然后将其装在金属板上，做成显微镜。

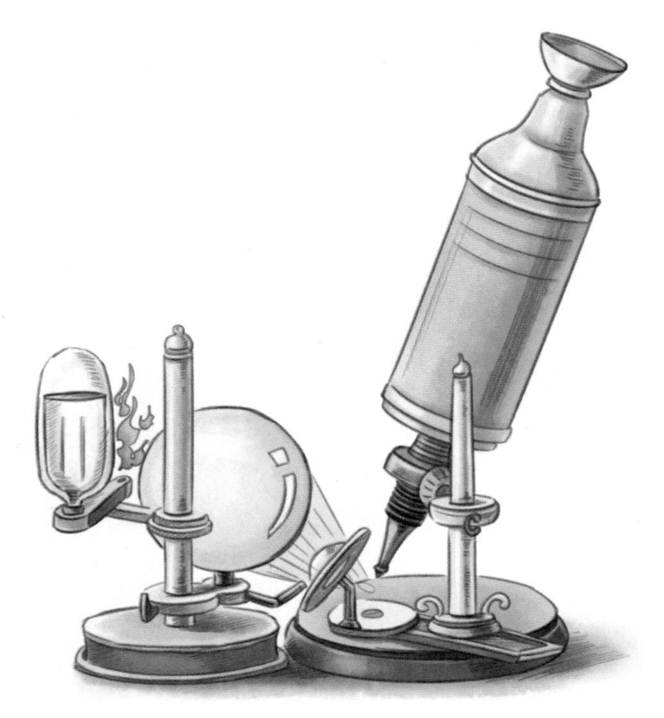
早期复式显微镜

## 想一想 细菌是什么样的怪家伙？

有人认为：

细菌最怕热，到了60℃以上就没有了生机，到了100℃，细菌家族的大部分子孙就没有生存的希望。细菌最喜欢的温度是恒温动物的体温，即37℃左右。

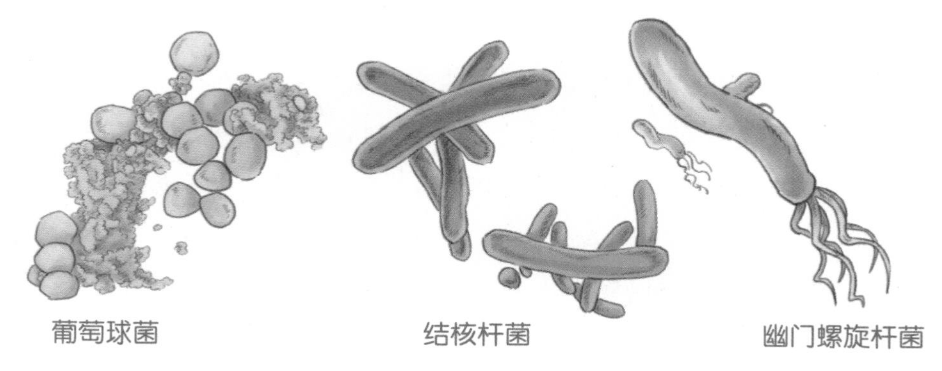


又有人认为：

在没有风或其他外力的作用下，细菌可以通过摆动它的纤毛或鞭毛游动。细菌1秒钟可以游出自己身长60倍以上的距离，比奥运会游泳纪录保持者游得还快呢。

还有人认为：

细菌都是大坏蛋，没有一个好的，像肺结核、淋病、炭疽病、鼠疫等疾病，都是由细菌所引发的。

### 小博士说

第一种和第二种观点都正确。第三种观点不够全面，有些细菌也对人类有益，如有的细菌可以帮助人类制作美酒、香醋和酸奶。

## 5. 给英国皇家学会写信

列文虎克对显微镜里的世界越来越感兴趣，看到了用人类的眼睛从来没有看到过的物质，还有一些鲜活的小生命。这让他十分震惊、不解，而且断定这是当时的科学家所不知道的。于是，1673 年的一天，他给英国皇家学会（英国最高学术研究机构）写了一封信，说明自己的发现。之后的多年里，他给英国皇家学会写了 190 多封信。

### 知识链接 发明显微镜之后

列文虎克后来找到了一些有名望的人来看这些小生物，并让他们写下证明。后来大家终于明白，那些小生物是存在的，属于原生动物及细菌。

列文虎克的发现引起了国王和贵族们的注意。他们来到列文虎克的小店，想看一看细菌的尊容。

列文虎克用自己磨制的显微镜在一位不爱刷牙的人的口腔中发现了一个惊天“秘密”：“在一个人口腔的牙垢里生活的生物，比一个王国的居民还多。”当时此言一出，舆论一片哗然，也让牙膏制造商赚了一把，各种牙膏销售量猛增。

列文虎克从不把制作显微镜的技术告诉别人。他怕别人模仿，因为他磨出的镜片能辨认极其微小的东西，这是非常了不起的。列文虎克活到90岁高龄，还在磨制显微镜。最后，他把留下的那些显微镜作为临终礼物，送给了英国皇家学会的朋友们。

## 想一想　有了显微镜，我能做什么？

有人认为：

用显微镜可以观察细菌是怎么样慢慢地吃掉铅笔的，特别是怎么样先是一点点啃掉包裹铅笔的木头，再一点点吃掉铅笔芯的。

还有人认为：

用显微镜可以观察躯体掉落的那些小皮屑，数一数每秒钟究竟能掉多少片。男性身上掉下来的皮屑所含有的微生物要比女性身上掉下来的多。这主要是因为女性身上的微生物被她们身上所用的香水杀死了。

### 小博士说

第一种观点只答对一半。铅笔芯其实是用焙干的黏土和石墨制成的，细菌根本不吃，只喜欢吃木头。第二种观点也是有对有错。人体每时每刻都在掉皮屑。男人身上掉下来的微生物比女性多，主要原因是女性普遍洗澡比男性多，流水会冲掉细菌。香水虽然能杀死细菌，但是皮肤上只有喷到香水的位置才会减少细菌。

## 6. 显微镜的子孙们

在漫长的人生之旅中，列文虎克都在磨制显微镜。他把磨好的镜片固定在金属板上，并装上能够调节镜片的螺旋杆，相继制造出了两台能放大 150 倍和 270 倍的显微镜。虽然列文虎克的显微镜样子粗笨厚重，但是他用这两台显微镜观察了血液，绘制了红细胞和微血管图，打开了微观世界的大门，让人们看到了奇妙的微生物。

从此，许多科学家把心血用在对显微镜的改进和应用上，显微镜成了子孙兴旺的大家族。

19 世纪 60 年代，德国物理学家阿贝对显微镜进行了一系列的改进，制成了接近现代的显微镜。

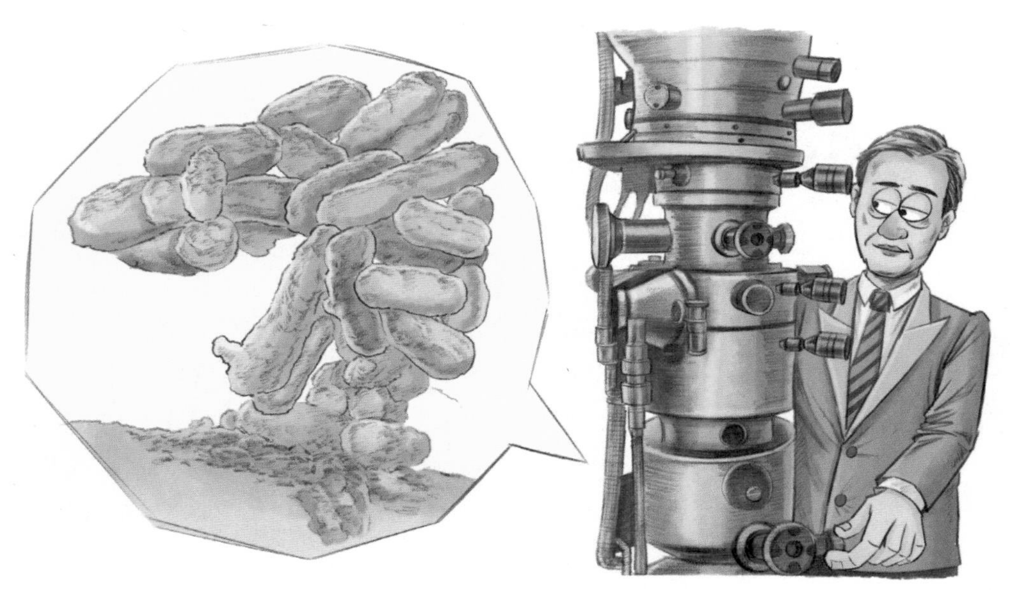

电子显微镜

1931 年，德国物理学家恩斯特·鲁斯卡与马克斯·克诺尔成功研制出透射电子显微镜，放大倍数只有 16～17 倍。1938 年，鲁斯卡等人制作的透射电子显微镜，可获得 3 万倍放大率的图像。1939 年，鲁斯卡等人用显微镜首次看到病毒的“真身”。1986 年，鲁斯卡获得诺贝尔物理学奖。

如果你有了一台这样的显微镜，而且喜欢用它来观察小蚊子，那你千万要小心哦。因为显微镜下蚊子的每条腿，都有电线杆那么粗，胆子再大，你也会目瞪口呆。

2021 年，德国和中国香港的科研人员又研制出一种新型的激光显微镜。借助这种显微镜，可以清晰地看到细胞中的分子呢。想一想，有一天要是哪一个细胞生病了，医生用显微镜观察一下就会逮个正着，然后剔除坏细胞，嘿，说不定病灶就全好啦！ 会不会这样？ 我们有理由期待着……

## 知识链接 大显身手的显微镜

世界上第一台扫描隧道显微镜诞生于 1981 年。它是瑞士科学家盖尔德·宾尼和海因里希·罗雷尔发明的。通过它看到的原子，就像一个翻过来的装鸡蛋的纸板盒。从此，人类打开了原子世界的大门。

世界上最先进的电子显微镜可以放大到 300 万倍，相当于把直径 4 米的气球放大到地球那么大。通过它，人们能够观察到直径只有 0.3 纳米的原子就像一个小馒头。

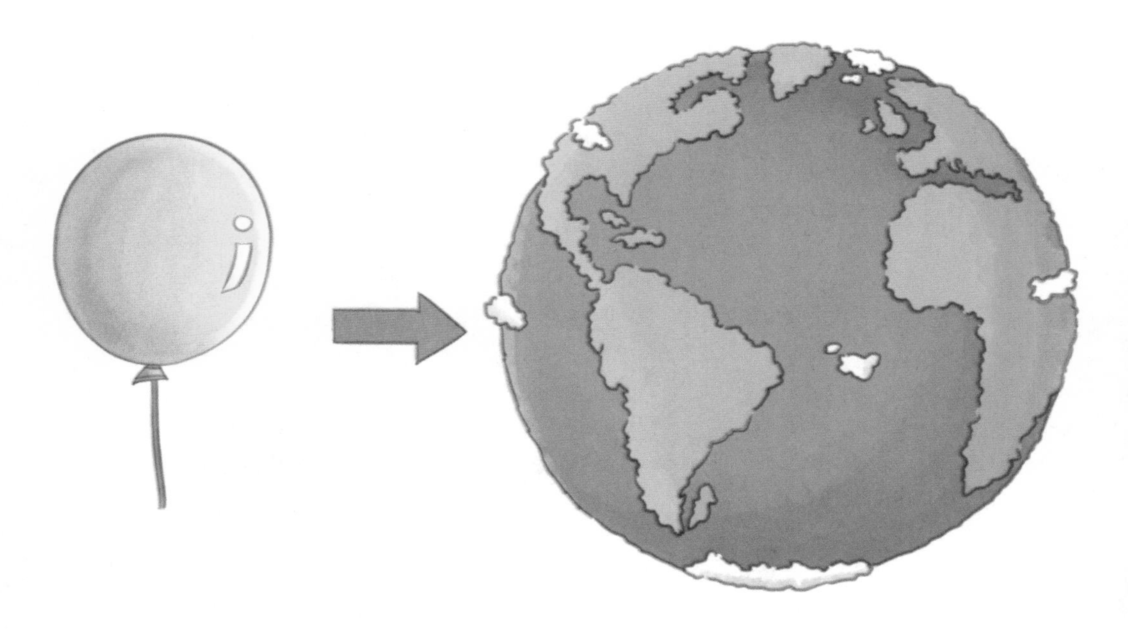

医院里化验大小便、血液、分泌物、染色体等，用的就是光学显微镜。它的放大倍数可达 2000 倍。

# 第三章 望远镜

把远的拉近，
人类有了“第三只眼睛”

为了让眼睛看得更远，人们发明了望远镜，把远方的物体“拉”近，看到了皎洁的月亮上也有暗色的撞击坑，看到银河里没有水，只有一颗颗小星星，从而彻底改变人类对宇宙的认知。望远镜在诞生后的漫长时光里，也在渐渐“长大”。

“登高望远”，一直是人类的梦想。科学测试还告诉我们，天气晴朗的时候，如果一个人站在大海边向远处眺望，当眼睛离海平面的高度是 1.5 米的时候，能看到 25 千米左右；如果登上一个高高的观望台，当眼睛离海平面的高度是 35 米时，能看到的最远距离大约是 600 千米。当然，视力能看多远，还取决于被观察物体的大小、形状等。如果是一只小蚂蚁，即使扛着一颗巧克力，高高地举过头，不要说 25 千米，就是 25 米，在绿色的草丛背景下，你也休想看得见哦。还有一个因素，人的视力是有差异的。以正常人的视力，4 千米以外的景物不易看到，距离大于 500 米时，视野里的景物已经模糊不清了，只能看到景物的轮廓，真遗憾呀！ 于是，我们的眼睛总是睁大，再睁大，渴望对外界多一些了解，想看得更清、更远。

## 1. 眼睛究竟能看多远

眼睛是人类看世界的唯一器官。刚出生不久的婴儿，伴随着第一声啼哭，尽管视力还刚刚发育，仍努力地睁开眼睛，好奇地打量着世界。这对清澈晶莹的小眼睛，仅能看到十几厘米远的物体。直至 9 个月后，有一天，哟，他会突然发现有个东西在那儿，却辨不清那是长的，还是圆的，小脑袋里根本没有这个概念。细心的妈妈拿尺子一量，才惊喜地知道，小宝贝能看到 4 米左右的物体啦。随着身体各个器官慢慢发育，眼睛也在渐渐成长，而且看得越来越远。

正在读这篇故事的小读者，如果选择一个天气晴好的夏夜，随意地走到户外，一抬头就可以轻松地看到远在约 38 万千米之外的月亮，明晃晃的，还可以看到相距亿万光年的星星呢。当然，天空中除了月亮、星星，我们最熟悉的莫过于太阳了。那么，太阳离我们有多远呢？为什么会看得那么清楚？

## 到太阳上去

太阳与地球之间相距大约 1.5 亿千米。这样的距离究竟有多远呢？ 它相当于地球直径的 11700 倍呢。因为太阳的身体实在太庞大，所以隔那么远，我们的眼睛也能看见。

如果乘坐飞机要多长时间能到达太阳？ 一架 1000 千米 / 小时的飞机，要不停地飞行 17 年才能抵达太阳。乘坐这样的飞机去看太阳的话，不停地飞 17 年，真是够累的。

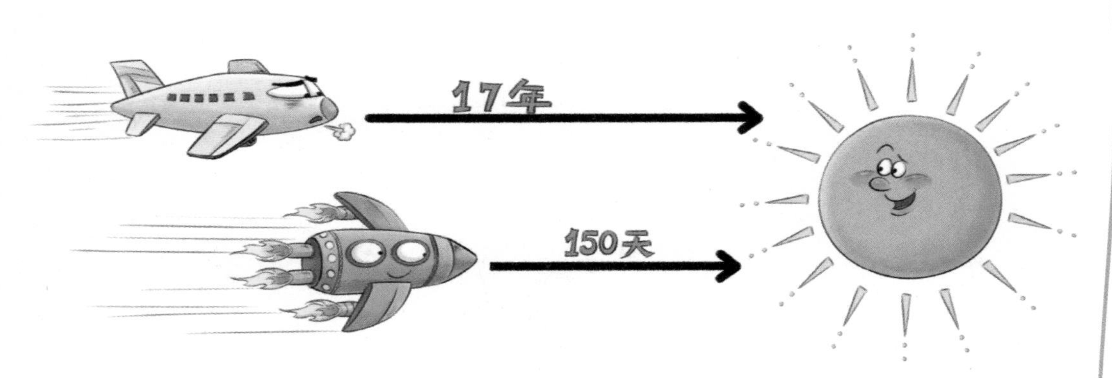


如果乘坐宇宙飞船到太阳上去，需要多长时间？ 即使乘坐速度为 11.23 千米 / 秒的宇宙飞船，也要经过 150 多天才能到达。可见，时间也不短哦。

乘坐什么样的交通工具，日地旅行最快捷呢？ 除非这种交通工具达到了光速，即约 300000 千米 / 秒，就像太阳光照射到地球上那样，仅仅需要 8 分多钟，快极啦。

## 知识链接　优秀的飞行员，究竟能看多远？

人的视力范围有一定限度。遇上好天气，从地面看到空中一架战斗机的平均距离是 8 千米左右。要是紧盯着战斗机渐渐远去，在 10 多千米后才会看不见它。

每个人的视力差别很大。最优秀的飞行员可在 20 千米以外看到敌人的飞机，视力差一点儿的，往往近到 8 千米也看不见。如果没有先进的雷达，那只能等着挨打咯。

一般飞行员驾驶高速飞行的飞机，在 10 千米高空俯瞰地面，可以清晰地看见宽度 5 米以上的铁路、公路以及蜿蜒曲折的长城。

人的视力天生有限。怎么办呢？ 人类便想着法子，让眼睛能够看得更远一些。于是，人类发明了望远镜。

如果让你闭上眼睛猜想，望远镜是谁发明的，你的头脑里就会冒出许多有趣的想法。也许你会想到，发明望远镜的人，要么是个大学者，是学富五车的那种人；要么是一个发明家，整天待在实验室里，拆了装，装了拆……不过，现实很无情，与你想的大不一样：发明第一架望远镜的人，竟然是几个玩游戏的孩子。望远镜起初完全是偶然中的小发明，后来才成为改变世界的大发明。

## 2. 游戏中发明的第一架望远镜

17 世纪初，荷兰共和国米德尔堡的一个小镇上，有一家小小的眼镜店，店的主人叫汉斯·利伯希。他有三个活泼可爱的儿子。由于家境贫困，日子过得紧巴巴，家里根本没有什么像样的玩具。可是，孩子天性好动，总会找到自己的快乐。这不，三个调皮的孩子经常把老爸扔下的破镜片当作心爱的玩具。有一天，最小的弟弟又在玩那没用的镜片，这一次他通过两块叠加的镜片看远处的教堂，左眼闭上，就用右眼看，右眼闭上，就用左眼看。突然，他好像发现了什么，兴高采烈地大叫起来：

“哥哥，快来看呀，教堂的塔尖变近了！”

两个哥哥也像弟弟那样，好奇地拿起两块镜片看，嘿，果然不错，远处的景物好像就在眼前。

“爸爸，快来看呀，快来看呀！”他们高兴地狂叫起来。

正在屋里磨镜片的汉斯，听到孩子们的惊叫声，不知发生了什么事情，急忙跑过来，大声地问：

“到底发生什么事啦？”

最小的弟弟抢着把用镜片看教堂的秘密告诉了老爸。汉斯又惊又喜，连忙按照孩子们的说法，把两块镜片叠加在一起，然后，用右眼看，左眼闭上。开始，镜片里的景物有些模糊，当他把镜片间的距离稍微调整一下时，远处的树木、河流、教堂、别墅等自然景观和建筑物，一下子像在自己的眼前一样，变得非常清晰。

“太棒啦！”这个意外的发现，让汉斯惊喜万分。

后来，汉斯回到店里打磨出一种中间厚、边缘薄的圆形镜片。用这种镜片看文字，能把字放大许多。爱动脑筋的汉斯又打磨出另一种镜片——中间薄，边缘厚。用这种镜片看文字，字又缩小了。

好奇怪！汉斯心想。

最后，汉斯灵机一动，磨了两块镜片，一前一后，用金属管联结起来，放在眼睛上一看，嘿，奇迹出现了，远处的景物拉近了许多，清晰得就像在鼻尖前一样。这就是人类第一架最简易的望远镜。此时此刻，这位眼镜店的老板还只把望远镜当作玩具。

## 知识链接 第一架望远镜发明之后

第一架望远镜长啥样？汉斯的望远镜是一根长约 15 厘米、直径约为 3 厘米的金属管，还有两块口径相当的镜片，一前一后地固定在金属管的两端。

第一架望远镜叫什么名字？汉斯把它命名为“观察者”，并申请了专利，希望有一天，这个玩具能为他赚点钱。

汉斯的发明传到欧洲其他国家时，人们称它是“荷兰柱”。它只是贵族们手中的玩具，没有人想到它的妙用，包括后来在军事以及天文学上的杰出贡献。

最初，汉斯发明的望远镜被荷兰政府看中的原因是它的军事价值。荷兰政府迅速组织生产望远镜，并用其装备部队。在之后的荷兰独立战争中，数量处于劣势的荷兰舰队击败了强大的西班牙舰队，望远镜有一定的功劳哦。

## 3. 探索天际的奥秘

有趣的是，汉斯 · 利伯希用他的望远镜，看到最好的风景就是远处教堂的尖顶，而一年后，另外一位伟人用望远镜发现了一个新世界，使它身价百倍，成为真正的“千里眼”。这个人就是名垂史册的伽利略。

1609 年的一天，正在威尼斯的伽利略从朋友的来信中得知，荷兰眼镜工匠汉斯 · 利伯希制造了望远镜。这让他十分兴奋，此时此刻，哥白尼的“日心说”已经形成，并在欧洲产生了革命性的影响。

“地球在动，”伽利略本人也意识到这种现象，“可是，用什么办法观察和证明呢？”

伽利略从汉斯制造的望远镜中得到了启发。于是，他用一段空管子，一头装凸透镜，一头装凹透镜，做成了一个很小的望远镜，最初只能放大 3 倍。

有了这件“神器”，伽利略自信起来。在一个晴空万里的日子，在威尼斯的圣马克广场的钟楼上，伽利略请来了议长和一些议员，让他们依次登上钟楼，用他的望远镜观看大海。官员们不仅看到了用肉眼无法看清的轮船，还看到了体积更小、速度更快的海鸥……

这次成功，给伽利略极大的鼓舞。从此，他全身心地投

入望远镜的研制中，并借助望远镜来研究天文现象。于是，他制造的望远镜的倍数不断提高，5倍，8倍，12倍，16倍，20倍……最后，他制成了可以放大32倍的望远镜。

伽利略突发奇想，把镜头对准了宇宙空间，不顾疲劳，夜复一夜地观察着，用望远镜发现了天体的许多奥秘。

“月亮并不是皎洁光滑的，上面有高山、深谷，还有曲曲折折的火山裂痕……而且自身不发光，像地球一样。”

这一次，伽利略拿着望远镜的手颤抖不已。要知道，他的这一发现，与当时天文学家认为月亮是一个发光体的观点正好相反。不过，伽利略相信手中的望远镜，更相信自己的眼睛。

每当星光灿烂或是皓月当空的夜晚，伽利略便把他的望远镜瞄准深邃遥远的天空。古代，伟大的科学家亚里士多德认为银河是一种大气现象。可是，伽利略发现“原来那根本不是大气，而是千千万万颗星星聚集到一起”，还发现“太阳里面还有黑点，太阳本身在自转”。

伽利略沉浸在望远镜带来的喜悦中，沉醉在探索宇宙奥秘的兴奋中。

1610年，他用望远镜发现了木星有四个较大的卫星。

有了望远镜，伽利略发现了神奇的世界，发现许多恒星都是巨大的，都在运动，用事实证明了哥白尼的“日心说”。

客观地说，望远镜成全了伽利略，“工欲善其事，必先利其器”。可是，当初它只是贵族手中的玩具呀，真是此一时彼一时。

## 名人档案馆

姓名：伽利略·伽利雷（1564—1642）

国籍：意大利

成就：物理学家、天文学家，他一生在多个领域取得辉煌成就。他建立了落体定律，还发现物体的惯性定律、摆振动的等时性、抛体运动规律，并确定了力学相对性原理，也是利用望远镜观察天体取得大量成果的第一人。他被誉为“近代物理学之父”“近代科学之父”等。

经历：17岁那年，伽利略进了著名的比萨大学，按照父亲的意愿当了医科学生。然而，他对医学没有多大兴趣，经常逃课，即使上课了，也经常对教授们教授的内容提出各种质疑。教授们往往被问得张口结舌，十分难堪。在教授们眼里，伽利略是个不讨人喜欢的“坏学生”。其实，根本的原因是伽利略对医学不感兴趣呀！

## 知识链接 探寻宇宙的真相

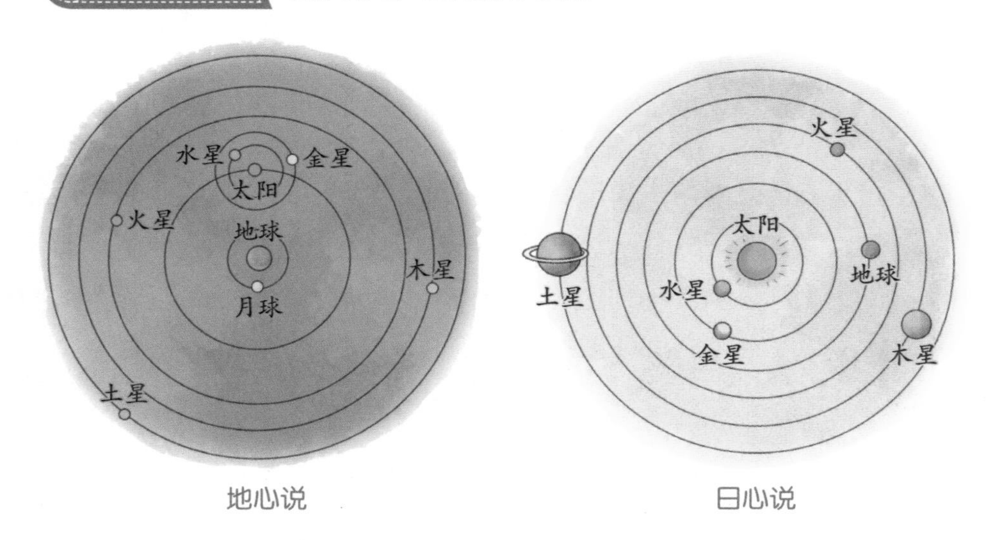


地心说　　日心说

哥白尼提出地球不是宇宙的中心，月球也不是围绕着太阳转，而是地球的卫星，但是证明它正确性和科学性的是伽利略。

伽利略把天际的奥秘，统统写进了一部叫作《星际使者》的专著中。这在当时是需要极大的勇气的。该书出版后，引起了罗马教皇的恐慌。

伽利略用望远镜发现了月球表面凹凸不平，并亲手绘制了第一幅月相变化图。

《发现者》的作者丹尼尔·布尔斯廷说，当时的主流观点认为“窥测天堂的外貌是多事，是放肆，甚至有可能被证明为亵渎神明。伽利略简直是个神学上的下流偷看者”。今天看来，这种评判是多么荒诞可笑！

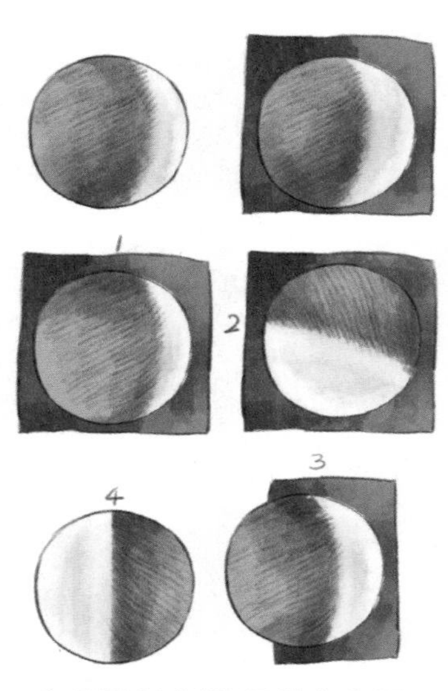


伽利略绘制的月相变化图

## 4. 给妹夫的信

如果有一天，你在事业上取得了可喜成就，你会把自己的喜悦与谁分享呢？是爸爸、妈妈、爷爷、奶奶，还是兄弟姐妹？是曾经同桌的那位，还是无话不谈的好友？伽利略为自己的发现感到十分自豪，深知一个新世界就要展现在人们面前。

于是，伽利略提笔写信，把自己的成功和喜悦告诉了他的妹夫。

我制成望远镜的消息传到威尼斯了。一星期之后，我把望远镜呈给议长和议员们观看，他们感到非常惊奇。议长和议员们，虽然年纪很大了，但都按次序登上威尼斯的最高钟楼，眺望远在港外的船只，看得都很清楚；如果没有我的望远镜，就是眺望 2 个小时，也看不见。这仪器可使 50 英里（编者注：1 英里约为 1.6 千米）以外的物体，看起来像在 5 英里以内。

伽利略的信，写出了望远镜给自己带来的成功，作为一名科学家，这是十分幸福和欣慰的。可是，接踵而至的意外让他备受打击。

科学家赞赏他用望远镜拓展了人类的视野，同时解放了人类的思想，而在神学家的眼里，伽利略是偷窥天堂的下流者……伽利略没有想到，望远镜揭开的宇宙的秘密触怒了很多人，可怕的厄运伸出了“魔爪”，悄悄降临到这位杰出的科学家身上。

## 当科学遇上宗教

教皇认为伽利略为哥白尼的“日心说”辩护，是违反天主教教义的。教皇保罗五世下达了著名的“1616 年禁令”，禁止伽利略以口头或文字的形式传播日心说。

伽利略先后四次谒见罗马教皇，力图说明日心说可以与天主教教义相协调，说“《圣经》是教人如何进天国，而不是教人知道天体是如何运转的”，并且试图说服一些大主教，但毫无效果。

1633 年 6 月 22 日，在罗马圣玛丽亚修女院的大厅，伽利略被迫跪在冰冷的石板地上，在教廷已写好的“悔过书”上签字，罪名是违背“1616 年禁令”和《圣经》教义。

伽利略因望远镜获罪，被软禁在家，禁止会客，每天书写的材料均需上交。伽利略多次要求外出治病，却得不到批准。1638 年，他双目失明，从此，再也无法看到神秘的星空了。

## 想一想 伽利略对着天花板发呆后会怎么做？

有人认为：

伽利略用右手按住左手的脉搏，看着天花板上来回摇摆的吊灯，发现吊灯摆动的力越来越弱，距离也越来越短，所需要的时间却是一样的。他为这一发现喜出望外，并守住秘密。

又有人认为：

伽利略根据吊灯的摆动，制作了一根摆锤，用它来测量脉搏跳动的速度。想不到，这根小摆锤竟然能有大作用。然后，他到处炫耀，让它披上神秘的外衣。

还有人认为：

伽利略从这里找到了摆的规律，并根据这个规律，制造了计时的钟。于是，钟成了伽利略致富的“秘密武器”。

伽利略的钟摆手绘图

## 小博士说

有一天，伽利略站在比萨的教堂里，盯着天花板，一动也不动。咦，伽利略在想什么呢？为什么会发呆？他发现了吊灯摆动的规律，却没有守着这个秘密；他制作了摆锤，测出了脉搏的速度，但是没有到处炫耀；他制造了钟，并不是为了赚钱致富，而是想更加精准地计时。

## 5. 不懈奋斗的“磨匠”

清冷的秋夜，仰望深邃的星空，天文学爱好者也许会想起弗里德里克·威廉·赫歇尔，这位恒星天文学的创始人，不仅是天文学家，也是天文望远镜的发明家。为了科学，他一生都在努力，都在奋斗。

1738 年，赫歇尔诞生于德国的一个音乐世家。4 岁那年，他跟从父亲学习拉小提琴，学习吹奏双簧管，后来成为一名出色的双簧管演奏者。长大后，他来到英国伦敦，开始广泛地阅读牛顿、莱布尼茨等科学家的著作，意外地买到了史密斯撰写的经典著作《光学》，从而激起对浩瀚天空的强烈兴趣。书中讲述的关于望远镜的制作知识，令他浮想联翩……

为了解开困扰自己的关于宇宙的谜题，赫歇尔踏上了探索星空的道路。他没有钱购买望远镜，在妹妹的鼓励下，便决心发明一架能够

观察星空的望远镜。他找来一块坚硬的铜盘，开始磨制望远镜。有一次，他连续磨了 16 个小时，因为这样高精度的工作不能停顿，他只能忍着饿。一旁的妹妹看着辛苦的哥哥，很是心疼，只能一口一口地将食物喂给他吃。可见，赫歇尔磨制望远镜时，像着魔一样忘记了一切。

最后，经过 200 多次的失败，他终于制成了可用的反射镜面。遗憾的是，用这架望远镜看星空的效果还不理想。

1787 年，他决心制造一架更大的望远镜。第一次，制作的反射镜在冷却时破裂了；第二次，熔化的金属流出了容器，溢到地板上。不断的失败，并没有打垮他的意志，他不断改进工艺方法，终于浇铸出合格的大镜面镜坯。这架望远镜的观察效果，竟然比当时英国伦敦格林尼治天文台所用的望远镜还要好。

赫歇尔一生中制作的望远镜达数百架，是真正意义上的“磨匠”，确实很成功。

## 知识链接 赫歇尔的贡献

1789 年，赫歇尔制造出称雄世界多年的最大望远镜，它的焦距为 12.2 米，口径为 1.22 米，竖起来有 4 层楼高，差不多要 3 个人才能合围，光镜头就重 2 吨。

赫歇尔的这架望远镜，是望远镜制造史上一项了不起的发明，在使用的第一夜，就发现了土星的第一颗卫星。

赫歇尔曾发现天王星及其两颗卫星、土星的两颗卫星、太阳光中的红外辐射，也是第一个确定了银河系形状大小和星星数量的人。

赫歇尔制造的望远镜

# 6. 望远镜在时光里慢慢“长大”

人类探索的脚步永不停歇。眼睛睁开了，睁大了，就总是希望能越看越远。从用肉眼观天，到用天文望远镜观天，再到用射电望远镜观天，绵延几千年的时光里，望远镜也在渐渐“长大”。

人类观察天象的历史，可以划分为三个不同时代。

第一个时代：肉眼观天（远古至 1542 年）。公元前 2000 多年，我国的尧帝时期，人们就开始用圭表测日影，测定季节变化，商朝时有了阴阳合历，后来逐渐发展完备的二十四节气成为农历的重要部分。中国的古代正是依靠发达的天文学，才创造了灿烂的农耕文明。直至伟大的航海家郑和率领船队打开大海之门，依然是用肉眼来观察天象，引导着船队在茫茫大海上劈波斩浪。

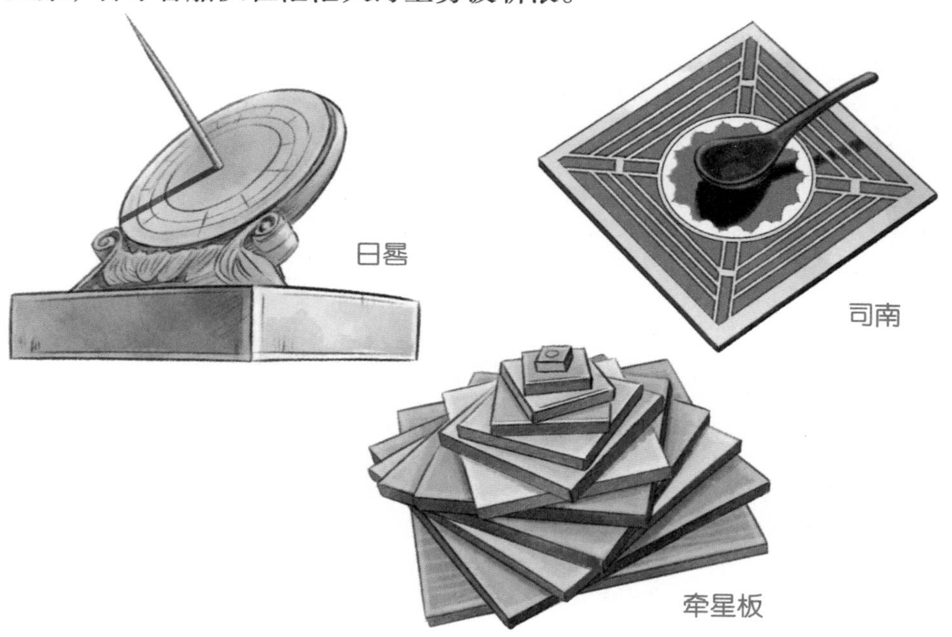

第二个时代：用天文望远镜观天（1543—1936）。1543 年，哥白尼《天体运行论》出版。1609 年，伽利略拿起望远镜对准宇宙。之后，科学家并没有由于宗教的干预甚至迫害而停下来，相反，一些观测天象的先进的天文望远镜应运而生，并载入史册。

开普勒天文望远镜

1611 年，德国天文学家开普勒制作了带两个凸透镜的天文望远镜，也叫开普勒天文望远镜。

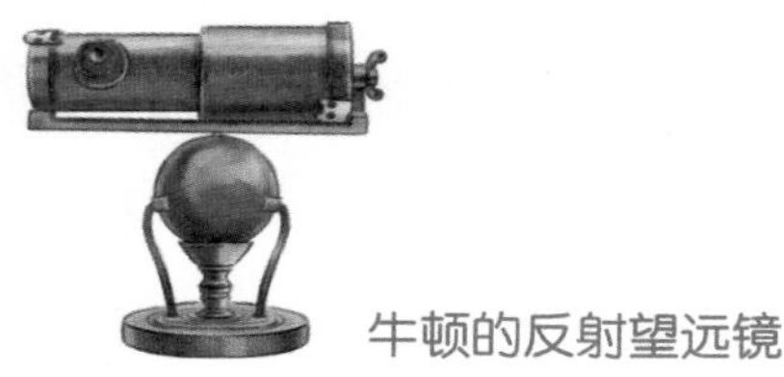
牛顿的反射望远镜

1671 年，伟大的科学家艾萨克·牛顿受伽利略制造望远镜的影响，发明了世界上第一架反射望远镜。

胡克望远镜

1917 年，胡克望远镜在美国加利福尼亚州的威尔逊山天文台建成，它的主反射镜口径为 100 英寸（2.54 米）。正是使用这台望远镜，哈勃发现了宇宙正在膨胀的惊人事实。

折反射望远镜

1930 年，德国光学家施密特把折射望远镜和反射望远镜的优点结合起来，制成了第一台折反射望远镜。

科技的进步终于打开人类的眼界和思维，催生工业时代的来临，人类萌生了飞出地球的惊人梦想。

第三个时代：用射电望远镜观天（1937年至今）。这是天文学发展史上一段日新月异的岁月。

1937年，美国天文学家雷伯建造出世界上第一台射电望远镜。

雷伯的射电望远镜

1957年，英国建成76米口径的射电望远镜，之后更名为洛弗尔射电望远镜。

1963年，美国建成305米口径的射电望远镜，被命名为阿雷西博射电望远镜。1974年，它的口径扩大到350米。在很长一段时间内，它是世界上最大、最先进的射电望远镜，被评为“人类20世纪十大工程”之首。

洛弗尔射电望远镜

1990年，美国的哈勃空间望远镜发射升空，它成为天文学史上非常重要的仪器（也属于光学望远镜）。它位于大气层之上，在离地面约640千米的轨道上环绕地球，巡视宇宙。

从此，人类加快了探索太空的步伐，眼睛睁大，再睁大，看得越来越远……

阿雷西博射电望远镜

# 名人档案馆

姓名：爱德文·哈勃（1889—1953）

国籍：美国

成就：天文学家，英国皇家天文学会会员，美国全国科学院院士。他是星系天文学的奠基人；1929 年发现“哈勃定律”，成为观测宇宙学的创始人；他提出河外星系形态的“哈勃分类”。

经历：哈勃在世界天文学史上大名鼎鼎，实际上他并不是天文学世家出身。他大学毕业后，第一份职业是在一所中学担任教师。第一次世界大战后，他应征入伍，当上了少校。1919 年，战争结束，他有幸被威尔逊山天文台聘用。

## 知识链接 哈勃空间望远镜

1990 年 4 月 24 日，哈勃空间望远镜在美国发射升空。它口径为 2.4 米，长度约 16 米，带有多种观测暗弱天体的仪器。它以 2.8 万千米的时速沿太空轨道运行，清晰度是地面天文望远镜的 10 倍以上。

哈勃空间望远镜位于地球的大气层之上，因此它在观测上有地基望远镜所没有的好处——影像不会受到大气湍流的扰动，又没有大气散射造成的背景光，还能观测会被臭氧层吸收的紫外线。

哈勃空间望远镜已观测宇宙 30 多年。通过它，天文学家们已获得有关暗物质、太阳系外行星及更深远宇宙的图片资料。

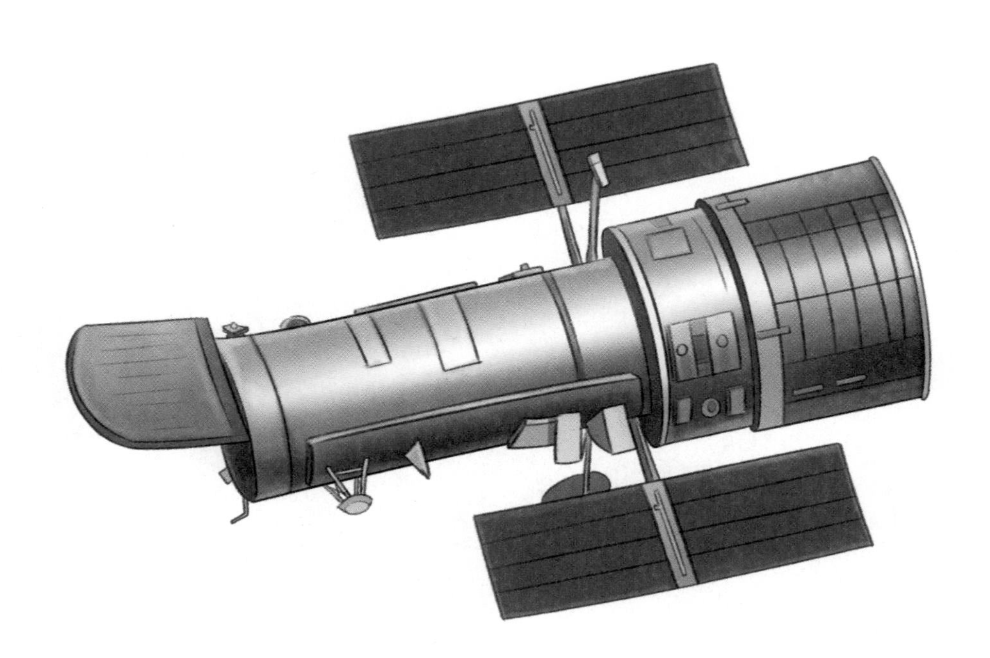

# 7. 大山坳里的“天眼”

在世界天文学这个大舞台上，咱们中国人也不会缺席。更为重要的是，不论是国家，还是天文学家个人，都很努力。

时光回溯到 1993 年，在日本东京召开的国际无线电科学联盟大会上，有多国天文学家提出建造新一代巨型射电望远镜的设想，其中就有中国天文学家的声音。当时，中国最大的射电望远镜口径只有 25 米。

2016 年 9 月 25 日，500 米口径球面射电望远镜（英文简称 FAST），终于在我国贵州平塘大窝凼里正式落成启用。后来，它被称为“中国

天眼”。

这是当今世界最先进的一台大型射电望远镜。全国近200家大学、科研院所和大中型企业，包括100多位科学家在内，共5000多人直接参与了这项大科学工程建设。

射电望远镜一般由天线、接收机，以及信息记录、处理和显示系统等几个主要部分构成。那么，所谓的“天线”是一根线吗？ 完全不是。它是圆的，呈抛物面，看上去像一口大锅。这口“锅”究竟有多大？天哪，它的口径竟然有500米，球面反射面积相当于30个标准的足球场那么大，从底部到顶部的垂直高度为138米，刚好是北京奥运会体育场“鸟巢”垂直高度的2倍。中国天眼比德国波恩的100米口径射电望远镜、美国的350米口径射电望远镜都大得多，而且坐落在崇山

峻岭之间，霸气十足。它的性能有多灵敏？据说在月球上打电话，这里能听得清清楚楚。

2021 年 3 月 31 日，中国天眼正式向全球天文学家征集观测申请。截至 2024 年 4 月，中国天眼已发现 900 余颗新脉冲星。天文学家们依托它，获得了一批重要科研成果。

中国天眼的建成，标志着中国人第一次站在天文学最前沿，探索宇宙的奥秘。有了这件厉害的重器，说不定哪天，天文学家们还会收到来自外太空的问候呢。

## 名人档案馆

姓名：南仁东（1945—2017）

国籍：中国

成就：天文学家，人民科学家，曾任 FAST 工程首席科学家兼总工程师，被誉为“中国天眼之父”。

经历：为给天眼找到最合适的家，南仁东和团队在贵州的大山深处，先是利用遥感技术捕捉到 3000 多个洼地，然后挑选了 300 多个圈定到数据库里，再筛选出 100 多个，最后用脚一个一个去勘定。在深山密林、丛生杂草中，南仁东最得力的装备就是雨衣、解放鞋、柴刀和拐杖。他带领团队，仅选址就花了 12 年。最终，他们在贵州选出了理想的位置，这里光污染、噪声污染和地面的电磁波污染很少，还利于排水。

# 第四章　照相机

把看到的留存下来，
让眼睛重温一段美妙时光

从照相机诞生的那天起，人类的历史就变得鲜明而真实。19 世纪，照相机诞生后，对推进人类文明进程产生了不可估量的作用。

现在，人类社会已进入数字时代，数码相机早已走进寻常百姓家。可是，有谁知道照相机漫长的发展历程呢？ 它从笨重到轻便，从有胶卷到无胶卷，从一次拍摄一张相片到全息摄影，是一代一代人不懈努力的结果，凝聚了无数发明家的心血。每前进一小步，每完善一点点，都要付出汗水。这就是发明创造告诉我们的简单、朴素的道理。

可以说，文字的发明让人类的语言和思想得以保存下来，而照相机的发明让人类看到的图像得以清晰留存。尽管没有声音，但是真实的图像仍让我们大饱眼福。

# 1. 世界上最早的照片

2000 多年前，我国的韩非子在他的著作里记述了一个故事。有一个人请画匠为自己作画，可是三年后，他看到的只是一片带漆的豆荚，因而勃然大怒。

“别急，请你盖一间不透光的房子，在房子一侧的墙上开一个大窗户，在太阳刚出来时，把它放在窗户上观看。”这位画师说得有板有眼，这个要求画像的人也将信将疑地照做了。

果然，墙上出现了动物、车子等精美的图案。

这说明古人具备了一定的光学知识。同时，墨子在《墨经》中提到了“小孔成像”原理。照相机正是根据这一原理研制而成的。

小孔成像

时光流逝了 1000 多年，直到 16 世纪，意大利画家根据这一原理，发明了一种“摄影暗箱”。这种“摄影暗箱”具有了照相机的某些特征。

它能不能被称为照相机呢？ 不能，因为它并不能把图像记录下来，还要人用笔把投影的像描绘下来，这只能叫投影绘像，也不叫摄影（照相）。

照相技术的难题在于化学方面，如果感光、定影等环节跟得上，就不会这么难，眼里看到的风物真实地再现，也不会是天方夜谭。

1802 年，英国人维丘德首先利用硝酸银的光敏效应，将硝酸银涂在纸上制成图像。至此，人类离照相还有一步之遥，但是人类依然不懈地探索。

尼埃普斯与第一张照片

终于，法国发明家尼埃普斯找到了一种利用沥青的感光性能获取正像的方法。1826 年（一说 1827 年），他在自己的窗外庭院里拍摄了一张风景照《谷仓与鸽子窝》，曝光时间长达 8 个小时。这也是现存的世界上最早的照片。虽然图像还很模糊，但不管怎么说，人类终于发明出照相机，眼睛看到的物体最终能够保存起来。这可是第一次哟，多么令人兴奋啊！

## 照相机的前世

18世纪末至19世纪初，像乔治·华盛顿或托马斯·杰斐逊等美国历史伟人的肖像，不是用照片保存的，而是通过绘画，才让后人一睹他们的风采。

暗箱

15世纪，欧洲出现了利用小孔成像原理制成的暗箱，人可以通过暗箱观赏映像或描画景物。

1665年，德国僧侣约翰章设计制作了一种小型的可携带的单镜头反光映像暗箱。由于当时没有感光材料，这种暗箱只能用于绘画。可见，感光材料在照相史上多么重要！

## 想一想 “拍照”为什么被称为“勾魂”？

有人认为：

照相机诞生的初期，有的摄影师为了被摄者姿势稳定，先连数二十个数字，然后拍一下木板，揭开镜头盖时还要大喝一声。“拍照”一词也正是由拍木板而来，它与“勾魂”有关。那一声大喝会不会吓跑拍照人的“魂魄”？

还有人认为：

旧时，摄影师的吆喝常常会使孩子受到惊吓，回家后没精神或生病，迷信的人就认为照相机吸走了孩子的灵魂。因此，他们就会去照相馆叫魂。这是不是照相机“勾魂”的来历？

## 小博士说

这两种观点，你能想到吗？“拍照会勾魂”一说属于迷信，1949年以前，在我国农村仍很流行。它产生的主要原因，是人们对照相机和照相技术缺乏了解。

## 2. 捉住“神秘的影子”

路易斯·达盖尔是一位法国画家，可是，真正让他留名青史的，不是他的画，而是他的摄影技术。他发现了一种新型感光材料，捉住了“神秘的影子”，使摄影技术有了重大突破。

1787 年，达盖尔出生在法国北部的一个小城，中学时期便爱上了绘画。后来，他爱上了摄影。1829 年，达盖尔开始与尼埃普斯合作研究摄影技术。1833 年，尼埃普斯不幸离世，达盖尔十分悲痛，投入大量的精力来研究冲洗照片所用的感光材料。1837 年的一天，达盖尔在药箱里寻找一种药剂时，惊奇地发现，一张曾经曝光过的废底片上，竟然出现了图像。

“这……这是怎么回事呢？”达盖尔觉得这是一件不可思议的事。

三天前，他在拍摄这张照片时，由于天气骤变，光线不足，这张底

片就报废了。可是，无意中放在药箱里的废底片怎么突然间出现图像了呢？难道这药箱里有什么特殊物质？达盖尔是一个非常细心的人，当然会刨根问底。

于是，他决定寻找这个“神秘的影子”。

第二天，达盖尔把一张曝光过的底片放进药箱，并取出一瓶药品；第三天，他再次放进一张曝过光的底片，取出一瓶药品……一天又一天，曝光过的废底片换了一张又一张，可是，每一张底片依然会显像，他却找不到显像的原因。

难道药箱里有一种神秘的气体？达盖尔想到这儿，恍然大悟，立即打开药箱检查起来。

果然，他发现箱底有一些洒落的水银。药箱里温度高，使水银蒸发，这些水银蒸气使曝光过的底片显出像来。原来，“神秘的影子”就是水银蒸气弄的把戏。

达盖尔兴奋不已。经过进一步研究，他发明了一种新型感光材料——碘化银，使曝光时间从原来的 8 个小时，变成了 15～20 分钟，从而带来了一场“摄影技术革命”。

## 名人档案馆

姓名：路易斯·达盖尔（1787—1851）

国籍：法国

成就：画家、发明家，摄影术发明者。

经历：达盖尔像所有人一样，也有成长的烦恼。有一次，一辆自行车的飞轮出了毛病，他不顾母亲的反对，坚持自行修理，可是拆开以后不会重新组装。母亲想让女仆去请一名修理工来帮忙，父亲却让儿子自己想办法。后来，达盖尔经过反复研究，终于把车子组装起来。可见，养成动手能力不是一日之功哦。达盖尔中学毕业时，老师给他写下这样的评语："我对你的品行印象深刻，你的风度和品格给整个班级定下了调子。"瞧，这位少年多棒！

## 知识链接　摄影之父

1837年，达盖尔发现碘化银后，用它做成银版感光片进行感光处理，才能较好地显现出图像来，形成了一套实用的摄影技术。这就是著名的"达盖尔银版摄影法"。

达盖尔相机

1839 年初，法国政府从达盖尔手中购买了发明权，并把这项技术免费向全世界提供。政府每年向达盖尔支付 6000 法郎，向尼埃普斯的儿子伊西多支付 4000 法郎。达盖尔被授予“法国科学院名誉院士”的称号。

1839 年 8 月 19 日，法国科学院和艺术学院共同公布了达盖尔的银版摄影法。达盖尔也获得了“摄影之父”的声誉。从此，达盖尔银版摄影法走向世界，风靡全球。

## 3. 照相机成为“凶器”以后

达盖尔从小就展现出惊人的绘画天赋，特别是画人物肖像，更是惟妙惟肖。达盖尔流传下来的画有上百幅之多，许多作品被世界著名的美术馆和私人收藏。当时，他研究摄影技术，就是希望绘画作品能够像实景一样逼真，让眼睛看到的是真实的景和物。这个梦想实现以后，还是有些遗憾的，因为那时候的照相机很笨重，体积大，搬运不方便，还没有发明专门为照相配套的闪光灯，照相要选择晴朗的天气，要让照相的人在镜头前端端正正地坐上半个小时。为了使自己姿容永留人间，达官显贵们是要耐着性子等待的。

1858 年，英国的一位记者斯凯夫发明了一种手枪式照相机。由于这种照相机的镜头有效光圈较大，因此只要扣动扳机，就能拍摄，比达盖尔的照相机更好用。它的出现，在摄影史上也有划时代的意义。

有一次，英国维多利亚女王在宫廷内召开盛大宴会，邀请各国使节。斯凯夫作为新闻记者，应邀出席了宴会。斯凯夫用他的照相机对准女王拍照时，被蜂拥而来的警卫人员扑倒并擒获，顿时，会

场秩序大乱。事后，警卫人员才弄明白，那“凶器”是照相机，原来是一场虚惊。

随后，照相机的发展步入“快车道”。1881 年，银行记账员乔治·伊士曼创立了伊士曼干片公司（柯达公司的前身），并运用英国人塔尔博特所创造的正负片技术，给摄影带来了一场革命。1888 年，伊士曼公司发明了透明片基胶卷和方箱式照相机。20 世纪，发明家又发明了用胶卷的小型照相机，不用胶卷、清晰度高的数码照相机等。

用胶卷的照相机

数码照相机

回顾照相机的发展历程，我们不能说功劳归于哪一个人。其漫长而艰辛的发明史上，有三个至关重要的技术应该被记入史册：暗箱技术、光化学反应和定影技术。还有几个立下汗马功劳的人也如夜空中的星星，光辉永驻，他们是尼埃普斯、达盖尔、塔尔博特和伊士曼。

现在，玩照相机不仅是一种时尚，也极大地丰富了人们的生活。把美好时刻长久地保留下来，成为现代文明的重要组成部分，摄影技术真正步入了寻常人家：把美妙的影像保存下来，让你的眼睛看个够！

## 知识链接 关于照相的冷知识

1840 年，美国人率先在纽约创办了全球第一家照相馆。照相机开始被世人所了解。

1844 年，一位法国海员在我国沿海拍摄了澳门的庙宇和石牌坊的照片。据考证，这是现存最早的一张有关中国的照片。后来，这张照片被中国摄影家郎静山收藏。

在中国，引进摄影技术最早的城市是广州和香港，而当时开展摄影活动最活跃的地方是上海。19 世纪中后期，上海出现了不少专业照相馆，还有一批有名的摄影师。

1947 年，英国物理学家丹尼斯·加博尔首次提出了全息摄影的概念。全息摄影可以真实地再现物体的三维空间。

1962 年，世界上第一张记录三维物体的全息图诞生之后，大量的数字资料以全息图的形式储存在晶体中。

1993 年，有人将 10000 页资料储存在一块仅有 1 厘米厚的碳酸锂晶体中。厉害啦，神奇的全息摄影技术！

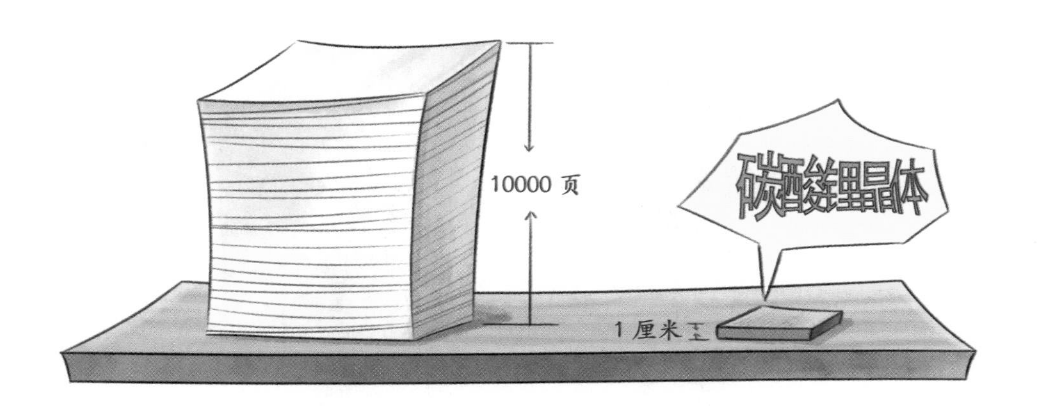

## 4. 赛马的难题

谈起照相机，人们最难忘的莫过于它与电影的关系，许多人把它称为电影的“催生婆”，而这一切竟与一场赛马相关呢。

19 世纪后期，许多美国人都喜爱赛马。1872 年的一天，在加利福尼亚州的一家小酒店里，高个子斯坦福和矮个子科恩就赛马的事争论起来。斯坦福说：“马在奔跑时，四蹄都是腾空的。”科恩说：“马不论怎样跑，都会有一只蹄子是落地的。”

是啊，许多人都喜欢赛马，却很少人能回答这个问题：马奔跑时，究竟是四蹄腾空，还是始终一蹄着地？

两个人为此争得面红耳赤，互不相让，只好掏出钱来打赌，还请来了一位驯马师当裁判。遗憾的是，驯马师也不知道马奔跑时，蹄子是腾空的，还是一只落地的。

后来，英国摄影师爱德华·穆布里奇受斯坦福的雇用，研究马的运动，当时并未得出结论。

1878 年，他才找到解决办法。他在马奔跑的跑道上设置了 12 台照相机，一字排开，镜头全部对准跑道，而在跑道的另一边打了多根木桩，一根木桩上系一根细绳，拴在对面相机的快门上。这位热心的摄影师还牵来了一匹马，让它从跑道的那一头快速奔跑过来。当马冲过这些细绳的时候，12 台照相机依次拉动了快门，拍下了一系列照片，组成了一条连贯一致的照片带。从照片上明显可以看出，马在奔跑时，还是有一只蹄子落在地上的。

穆布里奇在无意中快速抽动照片带时发现，照片中那静止的马叠成了一匹运动着的“活”的马了。他把这些照片做成了透明的，按顺序贴在一块玻璃圆盘上，又找来一块一样大小的金属圆盘，开了一个与照片一样大的洞。这时候，他用幻灯机在白幕上放映，也能看到连续奔跑的“马”。这位摄影师把自己设计的机器叫“显示器”。

这是人类的眼睛第一次看到照片动起来。哇，真新奇！

## 想一想 电影是谁发明的？

有人认为：

看了能“活动”的照片，我们肯定会想起电影。那么电影是谁发明的？ 如果有一天，你去美国请教这个问题的话，美国人一定会告诉你，发明电影的是美国大发明家爱迪生。

还有人认为：

带着同样的问题，如果你去问法国人，他们会异口同声地说：“发明电影的是卢米埃尔兄弟。”

### 小博士说

其实，两种观点都对，爱迪生和卢米埃尔兄弟都对发明电影做出了贡献。爱迪生受摄影师爱德华·穆布里奇的“显示器”启发，不断探索，发明了“放映机”。有了他的放映机，才有卢米埃尔兄弟改进后的真正电影。关于卢米埃尔兄弟发明电影的故事，且听下回分解。

# 5. 把拍摄的胶片搬到银幕上

面对活动的照片，睁大眼睛看世界的人类有了一个信念：要让照片更好看！

摄影师爱德华·穆布里奇在电影发明史上创造了第一个里程碑。1888 年，法国人埃米尔·雷诺试制了光学影戏机，并用这台机器拍摄了世界上第一部动画片《一杯可口的啤酒》。这应该就是电影发明史上第二个里程碑。

光学影戏机

1889 年，美国发明大王爱迪生在总结前人研制电影机的基础上，发明了电影留影机。他又经过五年的实验，发明了电影视镜。1894 年，他把摄制的胶片影像在纽约公映，轰动了美国。这是世界上第一台较为完美的电影放映机。这台放映机的诞生，标志着人类电影发明史上有了第三个里程碑。

可是，爱迪生的放映机放出的图片很模糊，连他自己也不满意。法国的卢米埃尔兄弟利用缝纫机连续工作的原理拉动片带，才发明了真正的电影。1895 年 12 月 28 日，法国卢米埃尔兄弟在巴黎用活动电影机放映了《工厂的大门》《火车进站》等几部短片，这一天也被称为“世界电影诞生日”。虽然这些电影是无声的、黑白的，却引起了巨大的轰动，让众多眼睛共享电影时代的来临。

卢米埃尔兄弟

随着录音、放音、色彩等技术问题的解决，电影才逐渐有了悦耳动听的声音、五彩缤纷的画面。今天，人们谈起电影时，谁也不会否认它是科学技术与艺术相结合的产物，许多发明家为它的诞生做过艰苦的工作。电影，从此深刻地影响着人们的生活方式，折射着无比诱人的艺术魅力。

## 知识链接 电影的前世今生

1896 年 6 月，上海徐园内的“又一村”，在表演的娱乐节目中间穿插放映了由外国人带入的影片。这是电影在中国放映最早的记录，距 1895 年 12 月 28 日电影诞生仅半年多时间。当时，中国人把电影称为“西洋影戏”或“电光影戏”，以后统称为“影戏”。

1905 年，青年时代曾留学日本的沈阳人任庆泰，购买到法国制造的一架木壳手摇摄影机和若干胶片。任庆泰利用他在北京开设的丰泰照相馆，策划拍摄了由京剧名角谭鑫培主演的《定军山》中的“请缨”“舞刀”“交锋”等片段。这标志着中国电影的正式诞生。

电影的发明，对后世产生了巨大影响。看电影，成了人们的一种娱乐方式。越来越多的中国影片在世界影坛崭露头角，成为传播中国文化的使者。中国乃至世界影坛，也诞生了许多优秀导演、演员。

为电影设立的电影节中，威尼斯国际电影节、戛纳国际电影节、柏林国际电影节是最权威、最著名、最具影响力的，被合称为“欧洲三大国际电影节”。奥斯卡金像奖也是全世界具有影响力的电影奖项。

## 电影发展史上，爱迪生和卢米埃尔究竟谁更牛？

令人想不到的是，那时爱迪生发明的电影每次仅能供一人观赏，属于“个人专享”的电影。电影内容也很单调，主要是跑马、舞蹈表演等。

爱迪生的电影视镜是在一个长方形的柜子上设置了一只透视镜，里面有一套设备，可以使胶片连续转动，还装上了一只放大镜。当胶片转动时，人们能从透视镜的小孔里看到在放大镜下快速移动的一幅幅照片。

电影发明史上，爱迪生的贡献十分重要，但是法国的卢米埃尔兄弟发明的才是真正意义上的电影。

电影视镜

## 6. 如魔如幻的“绿光”

照相机的发明，让人类着迷。除了在照相机的基础上，人类发明了电影，还有一项影响世界的伟大发现，那就是X射线的发现。X射线让我们的眼睛第一次看到了自己的骨头。

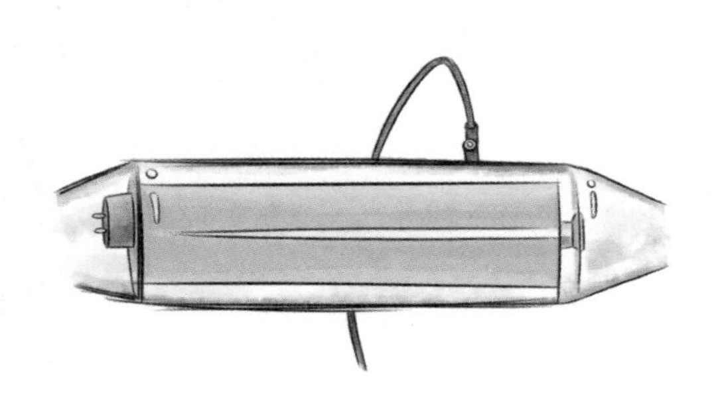

X射线的发现是从阴极射线的研究开始的。1836年，英国科学家法拉第就发现，在稀薄气体中放电时，会产生一种绚丽多彩的光。由于这种光是由阴极发出的，后来物理学家把这种光称为“阴极射线”。

为了探明阴极射线，许多科学家都为此进行了研究。英国科学家克鲁克斯，在做真空放电实验时，发现了一种荧光。他用照相机拍摄荧光，可底片洗出来后，照片上一片漆黑，什么也没有。

“太奇怪了！”此后，克鲁克斯又采用各种方法拍摄，都未能成功，且始终找不出原因。这让他百思不得其解。

发现这种荧光真面目的，是德国物理学家伦琴。1895年11月8日傍晚，伦琴又像往常一样，走进了实验室继续研究阴极射线。

当时，由于工作条件的限制，他只能把自己的科学实验放到晚上进行。他用黑纸将阴极射线管严严实实地遮掩好，使它与外界相隔绝，然后把窗帘放下，把灯熄灭，再接通电线，让高压电通过阴极射线管。突然，他发现一个非常奇特的现象：有一道淡绿色的荧光，从离放阴极射线管不到 1 米的小板凳上发出。

伦琴心想：阴极射线管已经被黑纸包裹得严严实实的，荧光屏也没有竖起来，绿光是从哪里来的呢？起初，伦琴以为是自己的错觉。他睁大眼睛仔细再看，果然有一道绿光。当他把高压电源关掉时，光线也随之消失了。

对此，伦琴感到不可思议：板凳怎么会发光呢？这不可能吧。后来，伦琴点上灯，发现板凳上摆着自己原来做实验时的一块硬纸板，硬纸板上涂了一层荧光材料，神秘的荧光就是从那里发出来的。可是，纸板怎么会发光呢？是不是那个阴极射线管的原因？

随即，伦琴意识到也许有某种未知光线被发现了。他为之激动不已。伦琴再次打开开关，拿了一本书，放在硬纸板与阴极射线管之间，奇怪的是，绿光还是投射在硬纸板上。他把阴极射线管的电源切掉，绿光一下子消失了。这就证明绿光确实与放电有关。接着，他先后在阴极射线管与硬纸板之间放了木板、厚铝板、硬橡皮等，结果发现这些东西都不能挡住这种光线。

“太神奇了！”伦琴惊喜万分！

接下来，伦琴在实验室里整整做了七个星期的实验，终于确定这是一种还不为人知的新射线，所以就将它定名为“X 射线”，表示它是一种未知的射线。

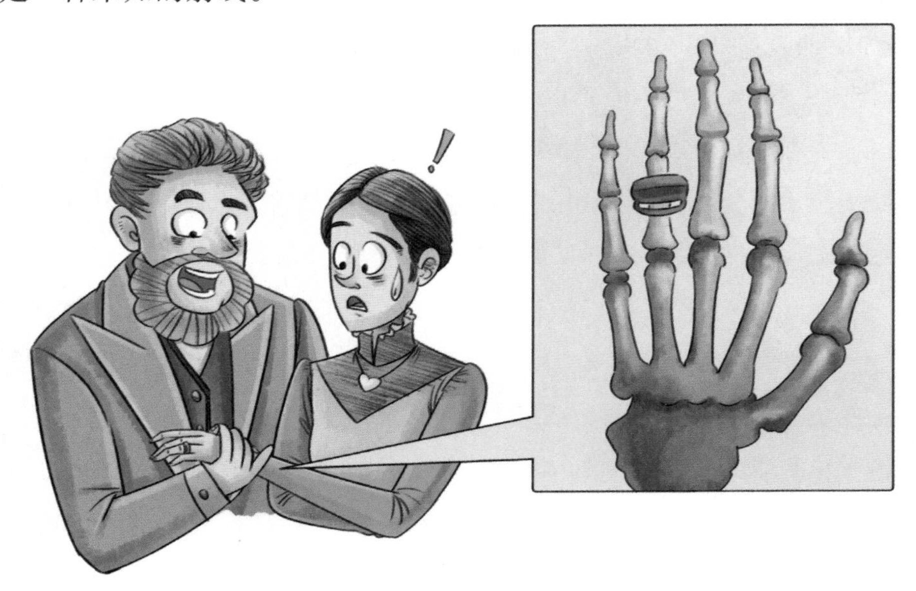

在随后的一次检验铅对 X 射线的吸收能力的实验中，伦琴意外地看到了自己拿铅片的手的骨骼轮廓。这一次，他让妻子把手放在黑纸包严的底片上，用 X 射线照射手部。底片经过处理后，手部的骨头清晰可见，就连手指上的结婚戒指也非常清晰。

“天哪，这简直是奇迹！”伦琴惊喜万分，笑着对妻子说，“亲爱的，你知道它对人类的伟大意义吗？这是我们给人类的最好的礼物！”

对此，伦琴的妻子也不敢相信这是真的，世界上竟然有这样神奇的事情：一种射线能穿透皮肉，照到骨头？可这是事实。这种神奇的光线，让我们的眼睛穿透血肉，看到了骨头。哇，不能不说，这真如魔如幻！

## 名人档案馆

姓名：威廉·伦琴（1845—1923）

国籍：德国

成就：1895年，他发现并深入研究了X射线。1901年，他被授予诺贝尔物理学奖。X射线的发现，被誉为19世纪末物理学的“三大发现之一”。

经历：伦琴的工作是在简陋的环境中完成的。一个不大的工作室，窗台下是一张大桌子，左边摆放着一个木架子，上面堆放着日常用品，前面又是个火炉，右边放着高压放电仪器，这就是人类第一次进行X射线实验的地方。

## 知识链接　站在前人的肩膀上

- 1895年12月，伦琴将他的成果写成论文，题目为《论一种新射线》。伦琴将这篇论文递交给了维尔茨堡物理医学学会。
- 1896年的1月，伦琴关于X射线的论文被媒体报道。1905年召开的第一次国际放射学大会上，X射线被正式命名为伦琴射线。
- 克鲁克斯的“不解之谜”：当阴极射线碰到玻璃管放射出X射线后，这射线把附近的底片统统曝光了——在照相机拍摄前，底片已被曝光，当然不会在照片上留下任何影像。
- 自1540年至1895年间，对X射线的发现有贡献的科学家有25位，其中有波尔、牛顿、富兰克林、安培、欧姆、法拉第、赫兹、克鲁克斯、雷纳德等。伦琴在他们研究成果的基础上，加上自己的努力探索，最终获得了成功。

## 想一想 在X射线前，身体会不会被一览无余？

有人认为：

X射线的发现，在当时引起了轰动，也让女士们惶恐不安。这种X射线可以穿透任何东西，如果有坏人用它来窥探女性的身体，那该怎么办呢？最好不要被X射线透视，惹不起，躲得起嘛。

还有人认为：

因为担心女性的身体被偷窥，所以当时一定有一家制衣公司特意制造一种防X射线的衣服。说不定，这种衣服会卖得很红火。

### 小博士说

X射线客观存在，应用也非常广，不被透视不现实哦。其实，这两种观点的担忧是没必要的。当时，确实有制衣公司这么做，不过，这种做法是多余的，通过X射线只能看到人的骨头呀。

## 7. 神奇的“透视眼”

如今，人们去医院看病，尤其是患脑部疾病，医生就会让病人做CT检查一下。CT检查方便、直观、准确，在医学上广泛应用。可是，CT究竟是什么呢？ 它和传统的X射线摄片有何不同？

1896年，维也纳的各大媒体在显著位置报道了一条喜人的消息：德国科学家伦琴发现了神奇的X射线。这种射线可以穿透人体，使我们能够看到人体的骨骼。如果你走到荧光屏前，想用一只手去挡住这种射线的话，荧光屏前就能清晰地显示出你的手的骨骼。

从此，X射线一夜之间享誉全球。

20世纪50年代，美国物理学家科马克在一家医院兼职。他亲眼看到一些癌症患者在癌细胞的折磨下痛不欲生的情景。可是，他在使用X射线为患者进行透视时，只能看到病人的骨骼或肺部疾病。

“能不能发明一种机器，对病人的细胞一一扫描呢？ 也就是说，像X射线能看到骨骼一样，这种机器能看到细胞。”

他经过一番深入的思考，心想：如果把电子计算机与X射线关联在一起，同步工作，那么对病人的病情检查一定会更细、更准。

他为自己的奇思妙想而激动。

20世纪60年代，另一位英国电气

工程师戈弗雷·豪斯菲尔德也在不同的岗位思考着同一个问题：把X射线与电子计算机结合在一起。

虽然远隔重洋，他们却想到了一块儿：把两种机器结合在一起，多么大胆、惊人的创意！

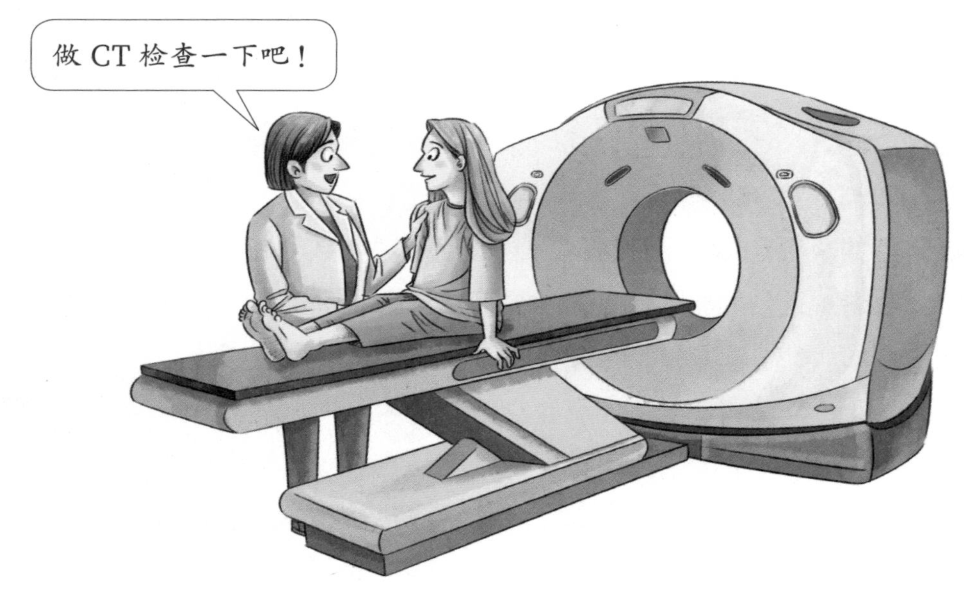


在研究中，他们发现人体内各种组织吸收X射线的程度不同，根据这种差异，计算机就能处理得出各种组织的数据，并转换成图像进行诊断。这种机器就是CT扫描仪。

虽然豪斯菲尔德是CT扫描仪的直接发明者，但是CT扫描仪的发明过程，凝聚着多位科学家的汗水和智慧。科马克和豪斯菲尔德共同获得了1979年度的诺贝尔生理学或医学奖。

CT扫描仪是X射线被发现以后，人类又一项十分重要的发明成果。它的诞生，源于人类不满足眼睛只看到皮肉包裹的骨头，还要看到身体中的细胞。人类最终好梦成真。

哇，人类眼睛的功能越来越强大了！

## 知识链接 CT机大显身手

1969年，世界上第一台可用于临床的CT设备诞生了。这种机器能将人体内要检查的部位，分成数以万计的小点点，再通过X射线成像设备，把人体内5～10毫米的病体都“照”出来。

1971年9月，伦敦的一家医院正式安装CT设备。10月4日，医生首次为一名英国妇女做了头部CT扫描，诊断出脑部的肿瘤。

1973年，《英国放射学杂志》对CT设备发现的第一例脑部肿瘤病例做了正式报道。这篇文章受到了医学界的高度重视，被誉为“放射诊断史上又一个里程碑”。从此，放射诊断学进入了CT时代。

如今CT扫描仪在不断地更新换代。人体的脑、心脏、肝脏等器官，在CT扫描仪的“火眼金睛”下，只要有病变的蛛丝马迹，就能被看出来，而且分辨率大大提高，检查、诊断时间也更快。

## 想一想 站在X射线诊断机前，能看到什么？

不用紧张，你可以大胆地站到X射线诊断机前，用眼睛盯着荧光屏，就能看到被透视者身体器官的轮廓啦。

教你一招，让你长知识。你继续仔细地看，会发现骨骼是白色的，而心脏或肺脏是暗灰色的，如果哪个部位有病变，就会出现特殊的阴影。嘿，这种设备多么奇妙！

用心思考，X 射线会伤害身体吗？

有人认为：这种射线太厉害，最好远远地离开，被透视好可怕！

还有人认为：放心吧，一次人体拍片摄取的 X 射线剂量相当于看 1 小时电视所摄取的量，一次胸透摄取的 X 射线的剂量相当于拍片的 1.5 倍。做一次胸透的损害相当于抽 3 支烟。透视，没那么恐怖。

### 小博士说

电视、电脑、手机、微波炉等，甚至太阳光和月光中也存在 X 射线，它对生物细胞有一定的破坏作用。过量地照射 X 射线后，会影响生理机能。适量的照射，并不会影响人体的健康。偶尔做一次胸部透视、胃肠道检查，拍一张骨骼 X 射线片或做一次血管造影，都不会引起不良反应。日常生活中，X 射线的副作用也不能忽视，看电视或使用电脑，不宜时间过长，看 40 分钟左右就让自己休息 10 分钟吧。

# 第五章　护目镜

让眼睛不再受伤，
看世界的目光更淡定

人不是穴居动物，总要走到户外，学会生存，难免会遇到极端环境，如阳光下暴晒、雪原反光等。这些情况会给脆弱的眼睛造成不可逆转的伤害，于是形形色色的护目镜闪亮登场……

熟悉的地方没风景。不安于现状的人类，总是喜欢远方，而远方就是由于陌生才充满了魅力。走向远方，就是为了看更广阔的世界。

遗憾的是，眼睛的能耐非常有限，会近视、老视，甚至失明。长期在恶劣环境下，眼睛总是有着这样或那样的不适，让人无奈，甚至十分痛苦，于是诞生了一项又一项保护眼睛的新发明。

## 1. 眼睛是不可再生的

从生物学的角度来看，人类普通极了，吃喝拉撒，像小猫小狗那样普通，幸好有一个不断进化的大脑。不然，人类称自己是“万物之灵”，连小蚂蚁都不服的。人类除了大脑发育得出类拔萃，并没有其他特异功能。

人类的肌体，每天都在新陈代谢，皮肤上总会分泌一些油脂皮屑，头发在生长或脱落，血管里的血液细胞，时时刻刻都演绎着新生与死亡。哪怕皮肤上划出一道口子，慢慢渗出鲜红的血液，没关系，在没有医药的原始社会，人类就知道皮肤是自己的“保护层”，伤口会渐渐愈合。后来，随着医疗技术的发展，人们还发现，人体某些器官，即使切除一些，也不影响生活呢。遗憾的是，眼睛太娇嫩、太脆弱，受伤了就无法逆转。即使医术高明的现代社会，手术刀可以修补视网膜，仍无法做到“天衣无缝”，视网膜破裂或脱落的风险时刻存在……眼睛是我们无法再生的器官。

## 知识链接 保护眼睛很重要

据临床医学分析，长时间“目不转睛”对眼睛的危害是极大的，会出现这些症状：眼睛干涩，甚至畏光、视物模糊……

正常情况下，人的眼睛每分钟要眨15次左右，在神情专注的时候，只有2～3次，这就使眼球表面的泪液蒸发过多，而得不到及时补充。长期这样会引起眼球表面的炎症。

如果我们连续在电脑前工作、玩游戏，或看书、看电视，只要超过3个小时，眼睛就会感到疲劳。

眼睛视网膜的感光能力与身体中的维生素A关系特别大。维生素A能促进眼睛内感光色素的形成。

要注意保护眼睛，就要多吃点富含维生素A的食物，比如胡萝卜，使自己的眼睛不至于干涩、疲倦。

## 2. 为什么受伤的总是“我”？

世界上很多物体能发光，能发光的物体叫光源，如燃烧的蜡烛、电灯、太阳等。我们最熟悉的光，当然是太阳光。如果请你说说太阳光的颜色，你能说出吗？ 也许你会说，太阳光哪有颜色呀？ 事实上，太阳光任何时候都是有颜色的。

太阳光是一种复合光，由红、橙、黄、绿、蓝、靛、紫七种颜色构成。这七种光的叠加可以合成白光。令人感到不可思议的是，太阳光里含有我们肉眼看不见的紫外线和红外线，对眼睛来说，它是看不见的“杀手”。

如果你经常在强烈的阳光下看书，眼睛受紫外线刺激过多，就会受到损伤，产生刺痛、流泪、怕光、睁眼困难等症状；红外线的穿透力比紫外线更强，眼睛受红外线刺激过多，眼球内部的视网膜就会受伤。

科学家还研究发现，即使像防狼手电（狼怕光照）那样的强光，对于视网膜的刺激也是暂时的、可逆的，休息一个晚上，视网膜就能很好地恢复。但是，紫外线对眼睛的伤害是不可逆的，晶状体吸收紫外线后，会产生不可消除的混浊物，这就是造成白内障的“元凶”。最可怕的是，晶状体对于紫外线，还有种伤害累加效应，比如说，分十次照射，每次一分钟，和连续照射十分钟，所导致的伤害程度是一样的。天哪，难怪眼睛会说：“为什么受伤的总是我？”

## 光的反射与折射

在阳光下走路，总是有个影子跟着你，这是阳光与你玩的游戏。因为光在传播的过程中，遇上不均匀的介质就会弯曲，遇到了不透光的物体遮挡（如身体），在物体后面、光线照不到的地方就出现了影子。

我们能看到黑板上的字，看到桌子，看到老师同学，这都要感谢光的反射作用。当光从一种介质传播到另一种介质时，光就会改变传播方向，一部分光被反射回原来的介质中，这就是光的反射。没有光的反射，你就什么也看不见了。

拿一个玻璃杯子，倒入大半杯水，放在太阳光底下，再插入一根木筷子，睁大眼睛一看，好奇怪，你会发现水面上的筷子像折断一样。嘿，这是怎么回事？

这是光折射造成的。光在传播时，从空中到水里，传播的介质发生了变化，光不得不转弯，你看到的水中的筷子和水面筷子的影子自然是“折断”的。

## 3. 雪域很美却不敢贪恋

生活在南方的少年，一定渴望与一场大雪不期而遇。因为白雪茫茫，银装素裹，这洁白的世界很纯洁、很美丽，也很诱人，让人会情不自禁地想做些有趣的事，譬如滑雪、滑冰、拍照等。北方的少年对雪虽有深情，却也不敢太贪恋——原来，在雪中待久了，容易患上“雪盲”，这也是反射惹的祸啊！

科学家研究发现，一片洁白晶莹的雪地，在阳光的照射下，反射率极高，竟然可达到95%。要是你的眼睛直视雪地，那就犹如直视阳光。好可怕，阳光中的紫外线损害你的眼睛没商量！

那么，生活在北极的因纽特人怎么办？ 他们不是经常跋涉在茫茫雪原吗？ 他们的眼睛难道不怕雪域阳光的反射？ 怕，当然怕！ 这些

长期生活在冰天雪地中的当地人，虽然适应了雪地的反射，但是知道如何保护自己的眼睛。

很久以前，因纽特人为阻挡强烈的寒风，在一个小木片上开两道窄缝，将它遮挡在眼睛前，目光可以穿缝而过。戴着这种木片，既能视物，又能减少寒风的侵袭，并有效降低阳光在雪原上的反射对眼睛的影响，这被认为是太阳镜的起源呢。

## 知识链接 雪盲

- 阳光里的紫外线由雪地表面反射到人的眼部，如果时间过长，就会对眼睛造成损伤，导致眼睛有红痛、畏光、流泪、异物感、眼睑痉挛、视物不清等症状。
- 预防雪盲可以戴防紫外线的有色眼镜，并补充维生素 A、维生素 B、维生素 C 和维生素 E 等。
- 如果产生了雪盲的症状，可以用眼罩、干净的纱布覆盖眼睛，不要勉强用眼，并尽快就医。

## 4. 戴上太阳镜是不是很酷？

烈日炎炎的盛夏，戴上一副墨绿色的太阳镜，是不是很酷？那当然，帅呆了！可是，太阳镜的前世与酷呀帅呀，一点儿关系都没有。

打开成书于 13 世纪的《归潜志》，作者刘祁在这本书上记载，我国古代衙门里的官员，在审案时会戴上一种用烟晶特制的墨镜，为的是在听取供词时，不让别人看到他的面部表情。这也成为太阳镜起源的另一种说法。不过，世人公认的太阳镜的发明，与飞行员的一次飞行探险有关。

1923 年，一位美国空军中尉像往常一样戴着风镜，驾驶小型飞机横渡大西洋，而且获得了成功。回到基地后，他开始恶心、呕吐，甚至头疼。很快，他意识到，来自太阳的光线对他的眼睛和身体造成了不可逆转的伤害，这次探险飞行留下了痛苦的后遗症。

“我需要一种新的特殊装备来保护眼睛。”他拜访了当时极负盛名的博士伦公司。

博士伦公司的光学专家们认为，要生产出符合空军中尉要求的眼镜，关键在于发明一种有效阻挡来自高空猛烈太阳光线的镜片。太阳会射出强烈的紫外线和红外线，这些光线会伤害人类眼睛的角膜、晶状体等。经过认真分析和多次实验，1930 年，世界上第一副绿色镜片的太阳镜终于诞生了。

## 知识链接 博士伦与太阳镜

- 早期的飞机是敞篷式的，为了正常驾驶和保护眼睛，飞行员都配有一副风镜。这种风镜可以有效地阻挡高空中的疾风和尘粒，但是挡不了阳光的照射。
- 博士伦公司成立于 1853 年，经过几十年的苦心经营，到了 1912 年，已能制造出高品质的光学镜片。
- 博士伦公司研制的这种太阳镜，镜片是用优质光学玻璃制成，经过加热和化学处理，绿色镜片内部的金属粒子可以吸收部分太阳光线，能够有效阻挡紫外线和红外线射入眼睛。

- 第二次世界大战期间，太阳镜迅速被世界知晓。凭借出色的战绩、奇特的太阳镜、潇洒的身姿，美国空军给各国人民留下了深刻印象。1937 年，博士伦公司将太阳镜推向了大众市场。

## 5. 会“变魔术”的眼镜

太阳镜又称墨镜，它的发明对眼睛来说，十分有益。戴上太阳镜，既能保护眼睛不受阳光的伤害，又可以隐藏自己的面部表情，给外界一种莫测高深的神秘感。戴上太阳镜，在岸边看海、雪原漫步，甚至打猎，那是许多人向往的场景。

事物总有两面性，利弊并存。在阳光下或者积雪天驾驶汽车的时候，驾驶员戴上太阳镜，可以保护眼睛不受强光的长时间刺激。可是，当汽车突然由明处驶向暗处的时候，太阳镜反而成了累赘。随着光线强弱变化，一会儿戴，一会儿摘，多不方便呀！那么，有什么好办法来解除驾驶员的这个烦恼呢？

1964 年，美国发明了变色玻璃。在制造过程中，变色玻璃预先掺进了对光敏感的物质，如氯化银、溴化银（统称卤化银）等，还有少量氧化铜催化剂等。这些物质可以随着光线的强弱变化，不断进行分解和化合。眼镜片从没有颜色变成浅灰、茶褐色，再从太阳镜变回普通眼镜，这都是卤化银变的“魔术”呀。在阳光下，这种眼镜是一副太阳镜，浓黑的玻璃镜片挡住耀眼的光芒；在光线柔和的房间里，它又变得和普通的眼镜一样，透明无色。

变色眼镜，好神奇！

世界是多彩的，也是复杂的。人类要用眼睛看世界，可是现实环境并不让人如愿。于是，发明家便根据人们的需要，发明了形形色色的护目镜：为了潜入大海寻找宝藏，哪怕就是采撷海绵、海蚌等，人类发明了潜水镜；为了把两块钢铁连为一体，人类学会了电焊技术，防强光刺激的电焊护目镜便应运而生；2020 年，新冠肺炎疫情肆虐，医用护目镜上了网络热搜，成为紧俏商品，那是防止病毒从眼睛入侵的安全门……眼睛有多娇嫩，人类对眼睛有多爱，这个世界就会有什么样的护目镜紧紧跟上。人类的创造力永不枯竭。

## 知识链接 揭秘人眼

- 人的眼睛能估算出深度、距离、物体的形状和大小，以及其他一系列参数。
- 人眼对光的敏感性也是非常惊人的，无论是对黑暗的适应，还是对强光的适应，都是一般动物所不能相比的。
- 人眼能分辨出许多种不同的色调，有经验的油漆工人能辨别 1000 种左右。一般人凭肉眼能辨别 50 种颜色，那就很棒啦。
- 科学家至今无法制造出具有人眼光敏度的仪器——人造眼。不过，美国科学家已经成功在人的眼睛里植入了微小的仿生视网膜，使美国的三位失明患者不仅看到了明灭或者移动的光点，还成功地用眼睛分辨出杯子和盘子。

# 第六章 夜视仪

在特殊的环境下，
让眼睛也能看得真真切切

失明，让眼睛看不到多彩的世界；黑暗，让世界失掉了颜色，处于一片混沌。于是，为了拓展眼睛的功能，人类发明了盲文、夜视仪、内镜，以及奇妙的 GPS 导航系统……

眼睛是人类最脆弱的器官。明亮的眼睛让我们能够欣赏到天上的明月、星星，远处的高山，近处的花草树木，包括慢慢爬行的小蚂蚁。遗憾的是，天有阴晴，月有圆缺，人类的眼睛也会出问题。想一想，要是眼睛失明了，那该怎么办呢？如果说走路可以依靠导盲犬、导盲手杖等的话，那么，读书识字怎么办呢？对此，我们不能不说，盲文的发明是人类对眼睛不方便的人的最大贡献。瞧，即使在失明这种极端情况下，人类仍然没有放弃对眼睛的关爱，总能找到一种新方式，让眼睛“看”见。

# 1. 夜间书写符号与盲文

1821 年的一天，法国的一所盲人学校请来了一位退役军官查尔斯·巴比尔，他在讲台上绘声绘色地给学生们讲起了奇妙的“夜间书写符号”:“用两行各 6 个凸点的符号来表示各种音标，可以在夜间作战时传递命令和加强联络，这是一种很有效的手摸军用码。”

年仅 12 岁的盲孩子路易斯·布莱叶被巴比尔的讲解深深迷住了，竟在下课时挡住他的去路，激动地说:“叔叔，用凸点一定也能创造出盲文来。”

“好孩子，你想得好，希望有一天你真能创造出盲文来。”巴比尔望着布莱叶，鼓励道。

巴比尔的课在布莱叶的心里产生了巨大的波澜，他想：一定要研究出一种像手摸军用码那样的盲文。

## 名人档案馆

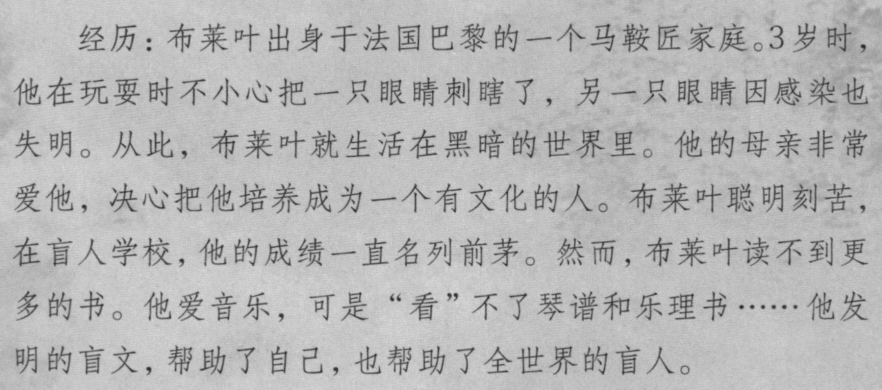

姓名：路易斯·布莱叶

（1809—1852）

国籍：法国

成就：布莱叶是世界通用盲文的发明者，它几乎适用于所有的已知语言。

经历：布莱叶出身于法国巴黎的一个马鞍匠家庭。3岁时，他在玩耍时不小心把一只眼睛刺瞎了，另一只眼睛因感染也失明。从此，布莱叶就生活在黑暗的世界里。他的母亲非常爱他，决心把他培养成为一个有文化的人。布莱叶聪明刻苦，在盲人学校，他的成绩一直名列前茅。然而，布莱叶读不到更多的书。他爱音乐，可是“看”不了琴谱和乐理书……他发明的盲文，帮助了自己，也帮助了全世界的盲人。

可是，到底要多少个凸点组成的字母才是最佳呢？ 每个凸点之间的距离多大才能让盲人摸得清楚呢？ 布莱叶从那天以后，常常思考这些问题。他先用36点和12点形式进行试验，后来从人体的双肩、双臂、双膝得到启发，才设计了一套由1～6个不同排列位置的圆点组成63个字符的盲文方案。

在试用中，这种盲文方案对盲人来说很复杂，学起来很不容易。布莱叶决定对方案进行修改。他用了整整4年的时间，在原有的基础上，又加上了标点符号和音乐符号等，终于创造了一套简单、实用的盲文。

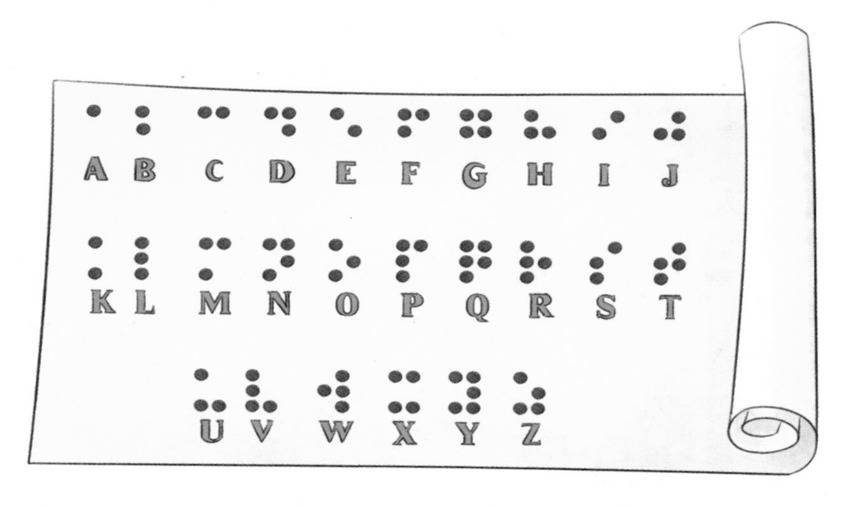


尽管布莱叶的盲文在后来的推行中遇到了困难，盲人学校的校长不支持，法国的学术研究院的专家持否定态度，但是，在布莱叶逝世35年后，即1887年，布莱叶盲文被国际公认为正式盲文。

从此，许许多多盲人摸着盲文，走进了神圣的知识殿堂。

## 知识链接　你知道盲鱼吗？

大约数万年前，盲鱼的祖先被水流带入了地下洞穴。随着漫长的岁月流逝，它们的眼睛因无用武之地而退化，变成了今天的盲鱼。

盲鱼刚孵出的幼鱼是有眼睛的，当幼鱼长到2个月左右大，眼睛才逐步退化。盲鱼虽然没有眼睛，但是能感受到水波的流动，从而判断方位、障碍物等。

1842年，美国人首先发现了盲鱼。随后，古巴、巴西以及非洲、亚洲等地也相继发现盲鱼。

1976年，有人在云南建水的洞穴中捕捉到一条盲鱼。之后，广西、湖南、贵州等地先后发现了8种盲鱼。

## 怎样保护视力？

要注意看书的光线。看书的时候，光线要适中，光线太弱以致字体看不清，就会越看越近；光线也不能太强，更不能在阳光下看书，那样的话也会伤眼睛。

要注意用眼的时间。无论看书、做作业或者看电视，时间都不能太长，一般情况下，用眼40分钟左右就应该休息片刻。

要注意坐姿。看书、做作业的时候要坐端正，不可弯腰驼背。长期近距离用眼容易形成近视。

要注意保持适当距离。书与眼睛之间的距离应以30厘米为佳，而且桌椅的高度应与体型相匹配；看电视时保持与电视画面对角线6～8倍的距离。

## 2. 黑暗里的火眼金睛

人类惧怕黑暗，最重要的原因是人类的眼睛无法适应黑暗。那么，怎样才能让眼睛在最黑暗的时光里，把外界的一切看清楚呢？

我们都知道，老鼠可以在夜间活动，黄鼠狼、猫头鹰也具有很好的夜视能力。人类由此希望能像动物那样，有神奇的夜视能力，在漆黑的夜晚，许多白天可以看见的物体也能重现眼前。

后来，生物学家在长期的研究中发现，猫不仅有非常灵敏的听觉和嗅觉，还有一双奇妙的眼睛。在漆黑的夜晚，一只老鼠东奔西窜，小猫一跃而起，老鼠还没反应过来便被压在猫的利爪下。原来，猫能根据光线的强弱来放大或缩小自己的瞳孔。白天，光线强时，它的瞳孔便缩成一条线，只让少量的光线进入，而在夜晚昏暗的情况下，它的瞳孔就变得又大又圆，让更多光线进入眼睛，照样能看清周围的事物。

科学家受猫眼的启发，开始研制夜视仪器。

20 世纪初，科学家知道，夜间可见光很微弱，但人眼看不见的红外线很丰富。人们很早就发现了红外线，但受到红外元器件的限制，红外遥感技术发展缓慢。直到 1940 年德国研制出硫化铅和几种红外透射材料后，红外遥感仪器的诞生才成为可能。此后德国首先研制出主动式红外夜视仪等几种红外探测仪器。几乎同时，美国也在研制红外夜视仪，虽然实验成功的时间比德国晚，却抢先将其投入实战应用。

1959 年，美国芝加哥大学研制出前视红外热像仪，也叫热成像夜视仪。它不发射红外光，不易被敌发现，并且具有透过雾、雨等进行观察的能力。经过几十年的发展，夜视仪的夜间视物性能大大增强，能够长时间观察，揭露伪装，获得目标不同状态的信息。

现在，夜视仪在各种夜间活动中，如战斗、车辆运输、飞机驾驶，以及海上航行、救护等，被广泛应用，给人类的生产生活带来了巨大影响。

夜视仪

## 知识链接 夜视能力小知识

狼、虎等动物的眼睛夜晚都会发亮，这是因为它们的眼睛结构非常特殊，它们的眼底呈现凹面镜的形状，很像车头灯，可以把光聚焦到焦点上，看得更清楚。

眼睛中有两种视细胞，一种是视锥细胞，一种是视杆细胞，而具有夜视能力的动物，视网膜中的视杆细胞较多。

夜视能力与饮食结构有关，如猫会捕食鼠类和鱼类。这些动物中富含牛磺酸，而牛磺酸对提升视觉能力有帮助。

## 知识链接 夜视仪在战争中有哪些神奇作用？

1945 年，美军登陆冲绳岛。隐藏在岩洞坑道里的日军利用复杂的地形，夜晚出来偷袭美军。于是，美军将一批刚刚制造出来的夜视仪紧急运往冲绳岛，把安有红外夜视仪的枪炮架在岩洞附近。日军趁黑夜刚爬出洞口，立即被一批枪炮弹击倒。洞内的日军不明原因，继续往外冲，又糊里糊涂地送了命。夜视仪初上战场，就为肃清冲绳岛上的日军发挥了重要作用。

1982 年 4—6 月，英国和阿根廷因马尔维纳斯群岛（英称福克兰群岛）归属发生战争。4 月 13 日半夜，英军袭击阿军。3000 名英军穿过了雷区，突然出现在阿军防线前。英国的所有枪支、火炮都配备了夜视仪，能够在黑夜中清楚地发现目标。到黎明时，英军已占领了阿军防线上的几个主要制高点，阿军完全处于英军的火力控制下。6 月 14 日，14000 名阿军不得不投降。英军赢得了这场战争。

## 3. 蜗牛与胃镜

现在，人体五脏六腑出了毛病，可以通过 B 超、CT 机等仪器诊断。这些仪器就像神奇的眼睛，让医生透过血肉之躯，看到症结。有趣的是，能让人类眼睛观察胃部病情的胃镜，其发明竟然是从蜗牛的眼睛中得到启发的。嘿，让眼睛看到层层包裹起来的胃，简直太神奇！

早在 100 多年前，著名生物学家达尔文在研究蜗牛时发现，它有一种非凡的认路返家的本领，从居住地外出寻找食物，吃饱喝足后，仍可按照原来的路线返回住处。达尔文并不知道其中的奥秘。后来，科学家经过研究，终于弄清了——蜗牛虽然有眼睛，但视力很弱，主要靠它的嗅觉和触角来认路。

那么，蜗牛的眼睛起到了什么作用？ 科学家进一步研究发现，当蜗牛觅食的时候，伸出触角和足，在地上爬行，仍然靠眼睛来观察周围事物。奇怪的是，它躲在扁圆的壳里，照样能觉察外界的动静。这又是为什么？ 奥秘在哪里呢？

原来，蜗牛有一双奇怪的眼睛，长在头顶的一对长触角的顶端。蜗牛的眼睛是根据光线变化的情况，来判断四周环境的。即使眼睛缩进壳里，但仍能通过壳壁对光线的反射，来观察四周变化。也就是说，光线射进蜗牛壳的时候，经过壳内壁辗转反射，最后照到它的眼睛上，于是，蜗牛看到了壳外的情景。这真神奇得不可思议！ 科学家终于弄明白，蜗牛能够利用光的反射来观察外面的景象。

这一发现，对人类来说非常重要，立即引起了医学家的关注。后来，仿生学家从蜗牛眼睛的本领得到启发，研制出现代医学中使用的胃镜（属于内镜的一种）：把带有长管子的胃镜从病人的食管插进胃部，顶端的小灯泡会发出光，通过镜子的反射，医生就可以从外部窥见胃的内部情况。胃镜为提高诊断和治疗效果提供了很大帮助。

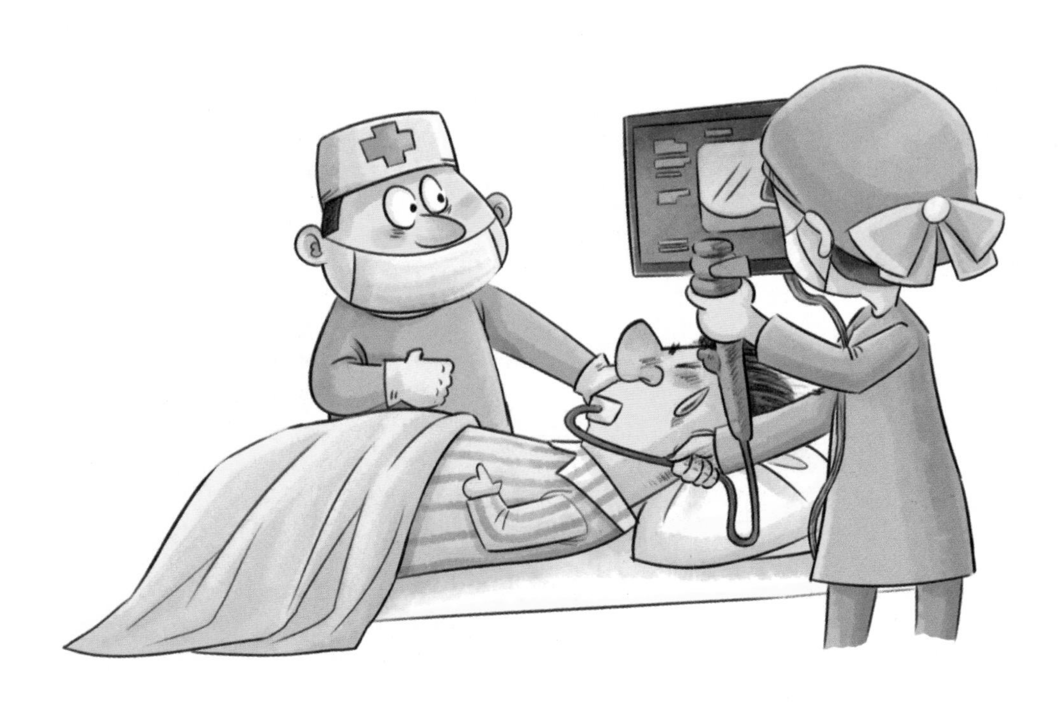

## 内镜不断发展

1853年，法国医生德索米奥发明了世界上第一个内镜。最早的内镜是用来进行直肠检查的。医生从病人的肛门插入一根硬管，借助蜡烛的光亮观察直肠。

1855年，西班牙人卡赫萨发明了喉镜；1862年，德国人斯莫尔发明了食管镜；1878年，德国泌尿科专家姆·尼兹发明了膀胱镜。

20世纪50年代，美国有了光导纤维内镜。它是一条细长柔软的管子，两端各装有一个透镜。2002年，世界上首个基于高清电视技术的内镜系统诞生。

## 想一想 蜗牛有牙齿吗？

有人认为：

蜗牛没有牙齿，个头那么小，动作那么慢，长牙齿对它来说，完全是多余的。

还有人认为：

蜗牛应该有牙齿，否则，它怎么进食呢？它不是靠吮吸流质生存的。

## 小博士说

第一种观点是错误的。第二种观点讲得不完全正确。蜗牛是世界上牙齿最多的动物，虽然它的嘴的大小和针尖差不多，但是有25600颗牙齿。在蜗牛的小触角中间往下一点儿的地方有一个小洞，这就是它的嘴巴。里面有一条矩形的舌头，上面长着许多细小的牙齿。

## 4.从指南针到GPS

如果从“特殊环境”这个角度来欣赏一下关于眼睛的发明创造，确实很有趣味。比如盲文、夜视仪，以及观察人体自身肠胃、膀胱、喉咙等的内镜，都很有创意。除此以外，视力虽好，光线也不差，目光却受距离呀云雾呀等因素限制了，眼睛该怎么办呢？或者说，迷路了怎么办？古人用的是指南针，现代人用的是 GPS（全球定位系统）。

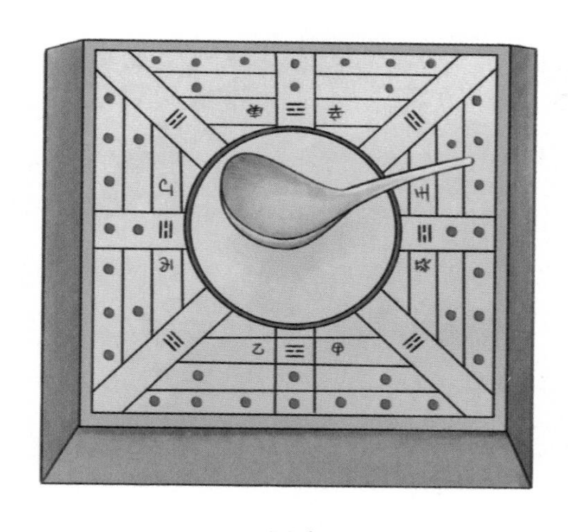

司南

春秋战国时期，我们的祖先利用磁石吸铁的特性发明了一种叫“司南”的仪器。它是一种指示南北方向的指南器。“司”就是掌管，司南也就是专门掌管或指示南方的仪器。据科学家考证，司南像一把汤匙，汤匙柄长长的。使用时，把它放在水平光滑的地盘上，只要轻轻转动一下汤匙柄，静止后，长柄所指的方向就是南方了。它是指南针的雏形。

人们在使用司南的过程中，感到携带它很不方便，而且司南不够灵敏。如果刮大风、下大雨，司南还会失灵。有时在小船上，如果小船左右摇动，司南也就找不着南了。而且，司南是用天然磁石制造的，在矿石来源、磨制工艺和指向精度上都受到很多限制。

指南鱼

到了 11 世纪，即北宋后期，人们利用人工磁化的方法，制成了更先进的指南鱼。这种鱼是用一块薄薄的磁化铁片磨制而成。它的样子像鱼，肚皮凹下去，可以在水中像船那样漂浮。静止时，鱼头是磁南极，所指的方向是南方；鱼尾是磁北极，所指的方向是北方。指南鱼的发明，为航海提供了极大的方便。不管是白天还是黑夜，有了指南鱼，人们在茫茫大海中就不会迷失方向。

指南针

指南针是中国历史上的伟大发明之一，也是中国对世界文明发展做出的一项重大贡献。对此，英国著名的科技史专家李约瑟博士曾高度评价中国人发明的指南针，说它标志着“原始航海时代的终点”“预示了计量航海时代的来临”。

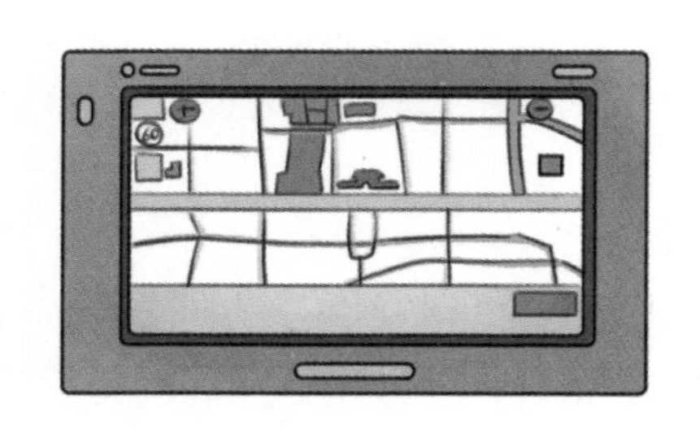

GPS导航

1994 年，由美国研制的 GPS 问世。它不受天气、地域等因素的限制，可以随时告诉你所在的方位，还能为你指明如何到达目的地，你再也不用担心迷路啦。现在，中国也有自主研制的北斗卫星导航系统，可在全球范围内提供导航、定位和授时等服务。这是多么神奇的发明啊！

## 知识链接　简易指南针使用法

水浮法：把磁针横放在灯芯草上，让它浮在水面，即可指示方向。

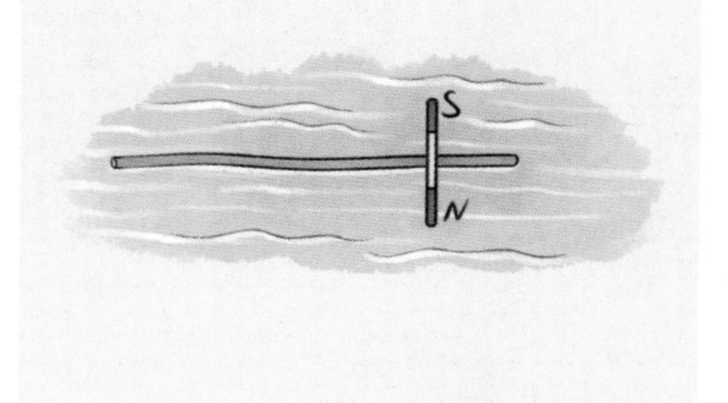


指甲旋定法：把磁针放在指甲面上，轻轻转动，磁针静止后也能指示南北方向。

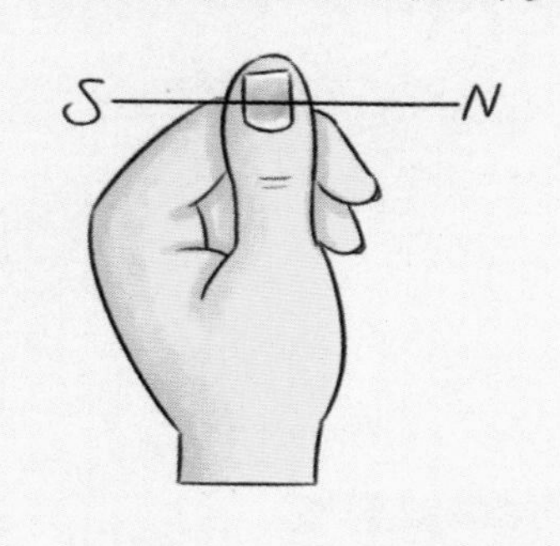


碗口旋定法：把磁针放在光滑的碗口上，轻轻旋转。停止后，磁针可指示南北方向。

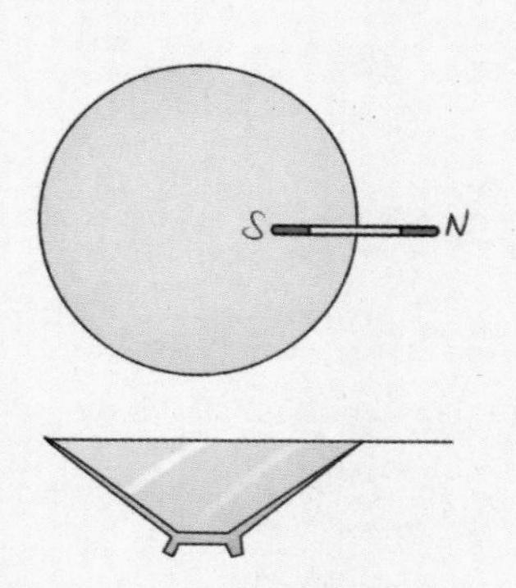


缕悬法：在磁针上涂一些蜡，再系上一根细丝线，最后把细丝线挂在没有风的地方，磁针放平，也能准确地指示南北方向。

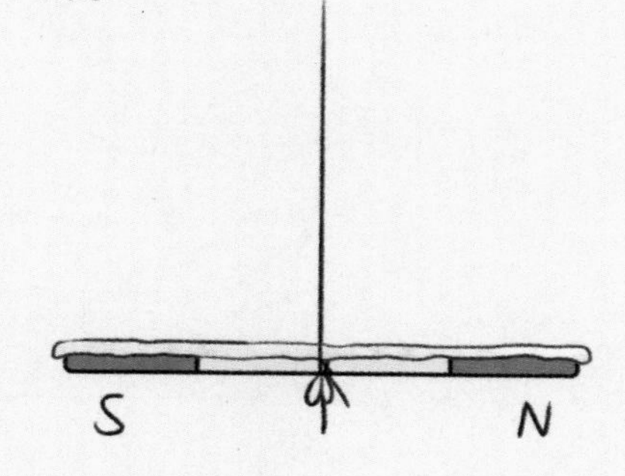

## 想一想 中国北斗卫星导航系统有什么用？

首先，弄清楚北斗卫星导航系统是用来干什么的。它是我国自行研制的全球卫星导航系统，也是继全球定位系统、格洛纳斯之后的第三个成熟的卫星导航系统。2020 年，北斗三号系统建成，向全球提供服务。

其次，了解一下北斗系统在导航方面有啥能耐。它可以为全球用户提供服务，目前全球定位精度优于 10 米，在亚太地区定位精度优于 5 米。

再次，你要用心思考：北斗系统除了导航，还有哪些用武之地？

1. 在交通运输上，北斗系统能够对邮政和快递车辆、中心城市的公交车、内河船舶、客货轮船等精确导航，提高安全系数。

2. 在农林渔业上，北斗系统可以对农机作业进行远程管理与精准作业，为渔业管理部门提供船位监控、紧急救援、信息发布、渔船出入港管理等服务。

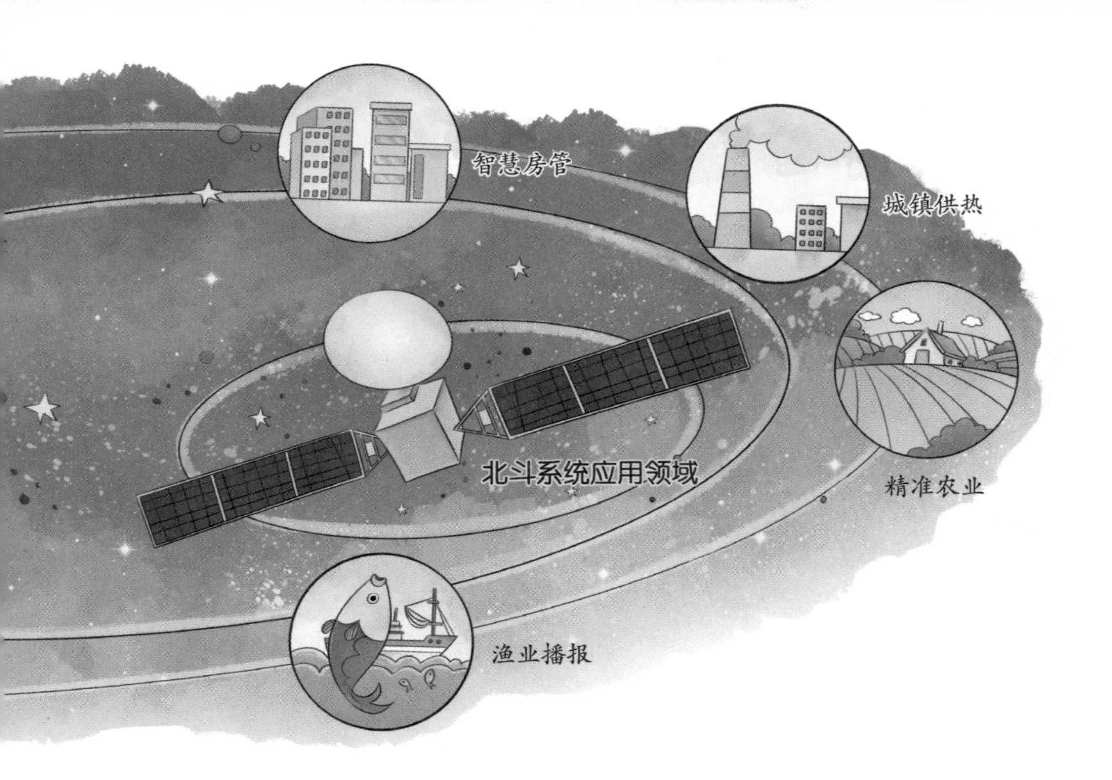


## 小博士说

浙江台州一家农机管理站在插秧机上安装了北斗系统，农机人员坐在办公室就可以实现对农机的实时监管，知道当天有多少台插秧机在作业、各台插秧机在哪个地块作业、作业的成效如何，等等。

内蒙古有一位养牛大户阿拉腾仓，给家里的头牛脖子上戴了北斗系统项圈。他只要拿着像手机一样大的接收终端，按下一个键，就能准确知道头牛的具体位置，再也不用担心牛群失联。

北斗系统的“电子围栏”功能可以给老人、孩子设定活动范围。如果他们离开安全地带，系统会第一时间给设置人的手机发消息提醒，“义务安保员”好贴心哦。

## 思维训练营

读完本书，你还知道哪些和眼睛相关的发明创造？它们背后有哪些发明家和故事？了解一下，写下来。